Baumann u. Kossel
Erinner.
an F. Hoppe-Seyler

J. Fuchs, Strassburg, Phot. Meisenbach Riffarth & Co. grav.

Felix Hoppe-Seyler

Zur Erinnerung an Felix Hoppe-Seyler.

Von

E. Baumann und **A. Kossel.**

Am 10. August dieses Jahres starb der Begründer und langjährige Herausgeber dieser Zeitschrift, Professor Dr. Felix Hoppe-Seyler, in fast vollendetem 70. Jahre in seinem Landhause am Bodensee.

Ohne vorhergegangene Erkrankung mitten heraus aus den glücklichsten Tagen seines Lebens, in voller Schaffenskraft, ist er abberufen worden. Ein Herzschlag machte seinem arbeitsreichen Leben ein jähes Ende.

Wer den jugendfrischen Mann, dessen Scheitel noch nicht ergraut war, in elastischem Gange dahinschreiten sah, der mochte nicht glauben, dass er nahe daran war, in das achte Jahrzehnt seines Lebens einzutreten. Wer seine kraftvolle, durch körperliche Uebungen von Jugend auf gestählte Natur kannte, durfte wohl annehmen, dass ihm noch eine lange Lebensdauer beschieden sei. Schüler und Freunde, wie die Universität Strassburg rüsteten sich, die Vollendung seines 70. Lebensjahres festlich zu begehen. Zahlreiche Ehrungen und Widmungen waren von vielen Seiten für den theuren und allverehrten Mann vorbereitet. Um so erschütternder wirkte die Nachricht, dass er unerwartet schnell aus dem Leben geschieden sei.

Die physiologische Chemie verliert in Hoppe-Seyler ihren hervorragendsten Vertreter. Sein Einfluss auf ihre Entwickelung war gleich bedeutend durch seine Thätigkeit als Forscher, als Schriftsteller und als Lehrer So lange als man Vorgänge des Lebens als chemische Processe betrachten und dem Verständnisse mit den Methoden chemischer Forschung erschliessen wird, so lange wird das Andenken Hoppe-Seyler's und seines Wirkens unvergessen bleiben.

Ihrer Erforschung und der Verbreitung der durch sie gewonnenen Erkenntniss war sein Leben gewidmet. Nicht treffender als mit den schlichten Worten, welche er dem Andenken von Gorup-Besanez gewidmet hat (1878), kann die Lebensaufgabe, welche er sich selbst gestellt hat, bezeichnet werden:

«Von der grossen Bedeutung der Chemie für eine erfolgreiche Weiterführung medicinischer Forschung und der Nothwendigkeit gründlicher chemischer Kenntnisse für das Verständniss der Lebensvorgänge tief überzeugt, war er stets eifrig bemüht, die chemischen Kenntnisse der Aerzte zu vermehren und das wissenschaftliche Fortschreiten der Physiologie und Pathologie zu fördern».

Für die Erreichung dieses Zieles hat Hoppe-Seyler während mehr als 40 Jahren seine ganze Kraft eingesetzt. Ihnen hat er alle anderen, namentlich seine persönlichen Interessen in seltener Uneigennützigkeit stets untergeordnet. Es gibt kein Gebiet in der physiologischen Chemie, auf welchem Hoppe-Seyler's Wirken und Arbeiten nicht eine breite, weithin sichtbare Spur hinterlassen hätten. Manche dieser Gebiete haben durch ihn eine völlige Umgestaltung erfahren, manche sind durch ihn erst der Forschung zugänglich gemacht worden.

Das Lebenswerk Hoppe-Seyler's greift aber weit hinaus über die Grenzen der von ihm vertretenen Disciplin. Bewandert in allen Zweigen des medicinischen Wissens — auf Grund eigener Erfahrungen — besass er umfassende und gründliche Kenntnisse nicht nur in der Chemie, sondern auch in der Physik, Mineralogie, Geologie, Paläontologie, in der wissenschaftlichen Botanik und in der Pflanzenkunde. Auf mehreren dieser Gebiete ist er selbstständig thätig gewesen und hat die Wissenschaft durch eigene Forschungen bereichert.

Mit dem umfassendsten Wissen, wie es selten in einer Person sich vereinigt findet, verband er eine immer hilfsbereite Liebenswürdigkeit und eine schlichte Herzensgüte, durch welche er noch in grösserer Zahl Freunde gewann, als er Verehrer und dankbare Schüler besass. Dabei war er von einer Bescheidenheit, welche die, die ihm näher standen, oft in Erstaunen versetzte. Immer bereit, die Verdienste und Leistungen Anderer anzuerkennen, ging er, wo es sich um den Ausdruck einer Anerkennung für ihn selbst handeln konnte, dieser am liebsten aus dem Wege. Für das, was er aber einmal als wahr erkannt hatte, ist er immer mit ganzer Kraft und mit dem sittlichen Ernste, der ihm eigen war, eingetreten.

Seiner klaren und offenen Natur war die Phrase zuwider. Er hatte kein Verständniss dafür, wenn Jemand versuchte, persönliche Motive in die Wissenschaft hineinzutragen. Jahrzehnte lang war sein Streben darauf gerichtet, dass überall an den deutschen Hochschulen Lehrstühle für physiologische oder medicinische Chemie errichtet werden, damit die selbstständige Entwickelung dieser Wissenschaft fernerhin gesichert sei. Die Erfüllung dieses Wunsches durfte er nicht erleben. Zwar bestehen in vielen ausserdeutschen Ländern solche Lehrstühle, in Deutschland ist man über Anfänge in dieser Hinsicht nicht hinausgekommen. Gerade an den grössten Hochschulen des Deutschen Reiches hat die physiologische Chemie noch keine unabhängige Stellung sich erringen können. Man kann nicht sagen, dass ihre Bedeutung und das, was bisher mit geringen Mitteln erreicht worden ist, bei uns unterschätzt sei oder verkannt würde. Vielmehr scheint es, dass äussere Gründe, namentlich Fragen über die Abgrenzung der physiologischen Chemie und ihre Stellung zu den übrigen medicinischen Wissenschaften, bisher Hindernisse und Schwierigkeiten verursacht haben. Eine grosse Freude hat es Hoppe-Seyler bereitet, dass noch kürzlich seine Bemühungen für die Selbstständigkeit der physiologischen Chemie von keinem Geringeren als Emil Fischer anerkannt und warm unterstützt worden sind[1]).

Eine genauere Erkenntniss des Wesens und der Persönlichkeit Hoppe-Seyler's erschliesst sich uns, wenn wir den Entwicklungsgang seines Lebens und seiner wissenschaftlichen Laufbahn verfolgen.

---

[1]) E. Fischer: Die Chemie der Kohlenhydrate und ihre Bedeutung für die Physiologie, Rede, gehalten zur Feier des Stiftungstages der Militärärztlichen Bildungs-Anstalten am 2. August 1894.

Ernst Felix Immanuel Hoppe war geboren am 26. December 1825 in Freiburg i. Th. als zehntes Kind des Pastors und Superintendenten Ernst Hoppe. Er entstammt einer Familie, welcher seit Generationen Vertreter des geistlichen und des gelehrten Standes angehörten.

Seine Mutter, Friederike Nitzsch, war eine Tochter des Generalsuperintendenten Karl Ludwig Nitzsch in Wittenberg und eine Schwester des bekannten Theologen Karl Immanuel Nitzsch, welcher zuerst in Bonn, später von 1847—1861 in Berlin Professor war.

Sein Vater starb als Superintendent in Eisleben, als Felix 9 Jahre alt war. Seine Mutter hatte er schon 3 Jahre vorher verloren.

Der früh verwaiste Knabe fand zunächst Aufnahme im Hause des Mannes seiner ältesten Schwester, Dr. Seyler, welcher ihm später ein zweiter Vater wurde. Bald nachher trat er in das Erziehungsinstitut des Halleschen Waisenhauses, wo er alle Klassen des Gymnasiums als ein fleissiger und sehr selbstständiger Schüler absolvirte, ein. Gerne sprach er noch in späteren Jahren von dem Ernste der dort betriebenen klassischen Studien, welchen er nicht nur pflichtgemäss, sondern mit Liebe und aus eigener Neigung sich widmete.

Die spartanische Erziehung in der berühmten Franckeschen Anstalt, aus welcher eine grosse Zahl ausgezeichneter Männer hervorgegangen ist, war von massgebendem Einfluss auf den Charakter und die ganze Entwicklung des jungen Mannes. Strenge Zeiteintheilung, welche dort für Alle Pflicht war, die Freude an körperlichen Uebungen, die ihm während seines ganzen Lebens Bedürfniss waren, und ihm oft genussreiche Stunden verschafften, eine äusserste Genügsamkeit in allen materiellen Dingen [1]), ein offener heiterer Sinn sind dort in ihm gepflegt und gefördert worden.

Die früh bei ihm erweckte Liebe zum Turnen ist ohne Zweifel durch seine persönlichen Beziehungen zum Turnvater

---

[1]) Es gab nur 2 mal in der Woche Fleisch, die Kleidung war rauh und derb, um 5 Uhr wurde täglich aufgestanden.

Jahn begünstigt worden, der sein Taufpathe war und nicht selten von Freiburg i. Th., wo er in seinen späteren Jahren lebte, nach Halle wanderte, und dort den jungen Hoppe zu Spaziergängen abholte.

Die Vorliebe für jede Art körperlicher Uebung hat er für sein ganzes Leben bewahrt und ihr verdankte er neben einer ausgezeichneten Gesundheit eine grosse körperliche Kraft und Gewandtheit. Er war ein geübter und ausdauernder Bergsteiger, und noch in seinen späteren Jahren einer der besten Schlittschuhläufer. Seine Fertigkeit in der Führung der Segel kam ihm bei seinen Untersuchungen über die Beschaffenheit des Bodenseewassers zu statten, für welche er zuweilen Excursionen über den ganzen See machte. Wenn der Wind versagte, kam es ihm dabei nicht darauf an, stundenlang sich ans Ruder zu setzen, um das vorgesteckte Ziel zu erreichen.

Auch die Neigung, Naturvorgänge zu beobachten, ist früh in ihm erweckt worden. Muthmasslich haben schon die Spaziergänge, welche Jahn mit ihm machte, in dieser Hinsicht anregend gewirkt. Einen viel bestimmteren und nachhaltigeren Einfluss übte in dieser Richtung auf ihn der Verkehr mit einem wissenschaftlich gebildeten Apotheker, der damals in der Apotheke der Francke'schen Stiftungen angestellt war. Dieser nahm ihn mit auf botanische Excursionen, deren Ausbeuten in einem Herbarium angelegt wurde. Auch in der Apotheke war er bald ein regelmässiger und gerne gesehener Gast. Der an Jahren ältere Apotheker fand Freude daran, den lernbegierigen Jüngling in die Anfangsgründe der Chemie einzuführen und ihn auch im Experimentiren so anzuleiten, dass Hoppe, als er das Gymnasium verliess, schon eine gewisse Fertigkeit in der chemischen Analyse und ein Verständniss für chemische Vorgänge besass.

Seine in früher Jugend gewonnenen Kenntnisse der Flora in der Umgegend von Halle hat er in seiner Studienzeit weiter entwickelt. Bei seinen Wanderungen, welche er in den Ferien regelmässig unternahm, war ihm das Botanisiren ein besonderer Genuss. Auf einer Reise im Riesengebirge fand er als junger Student ein Farrenkraut, dessen Vorkommen in jener Gegend noch nicht bekannt war. Dieser Fund, der in einer botanischen Zeitschrift erwähnt wurde, brachte seinen Namen zum ersten Male in Verbindung mit einer wissenschaftlichen Beobachtung in die Oeffentlichkeit. Auch in späteren Jahren war er ein ausgezeichneter Pflanzenkundiger, wobei ihm sein gutes Gedächtniss zu statten kam. Man ging nie fehl, wenn man ihn um den Namen irgend einer auch seltenen Pflanze anging. Als er später selbst einen Garten und ein Gewächshaus besass, pflegte er mit grosser Vorliebe seltene Coniferen, in deren Cultur er besondere Erfahrungen gewonnen hatte.

So lange er in Halle war und später als Student brachte er regelmässig einen Theil seiner Ferien bei seinem Schwager Dr. Seyler zu, welcher damals als Pastor in Annaburg in der Prov. Sachsen wirkte. In dessen Hause, welches ihm das Elternhaus ersetzte, gewann er Anregung zum Studium der neueren Sprachen, deren Literatur seine Schwester und sein Schwager ein lebhaftes Interesse und Verständniss entgegenbrachten. Nachdem die Ehe seines Schwagers kinderlos geblieben war, wurde das schon lange bestandene Verhältniss der innigsten Beziehungen dadurch in formaler Weise ergänzt, dass Dr. Seyler seinen Schwager und dessen ältere Schwester Amanda, die als Kinderschriftstellerin in weiteren Kreisen bekannt geworden ist, adoptirte. Dieser Schritt erfolgte im Jahre 1864, nachdem Hoppe schon ordentlicher Professor in Tübingen geworden war. Von da ab nannte er sich Hoppe-Seyler.

Im Herbst 1846 verliess er nach wohlbestandener Abiturientenprüfnng das Gymnasium. Von seinen dortigen Lehrern schätzte und verehrte er besonders den damaligen Rector des Gymnasiums Eckstein und den Director der Francke'schen Stiftungen H. A. Niemeyer, mit welchem er bis zu dessen Tode in Beziehungen stand.

In seinem Abgangszeugniss vom Gymnasium heisst es, dass Hoppe Mathematik und Naturwissenschaften zu studiren beabsichtige. Dieses Vorhaben kam aber nicht direct zur Ausführung, da er im October 1846 in Halle als Mediciner immatrikulirt wurde, wo er die beiden ersten Semester blieb. Er hörte bei d'Alton Anatomie, bei Erdmann Logik, Metaphysik und Psychologie, bei Burmeister Zoologie, bei v. Schlechtenthal Botanik, bei Germar Mineralogie, bei Marchand physikalische Geographie und bei Steinberg, dem Professor der pharmaceutischen Chemie, theoretische, anorganische und organische Chemie. So lange er in Halle war, arbeitete Hoppe in Steinberg's Laboratorium. Er war dort mit Analysen von Pflanzenaschen beschäftigt, welche, wie in seiner Exmatrikel bemerkt ist, in einem wissenschaftlichen Journal veröffentlicht werden sollten.

Auf einer Fussreise im Riesengebirge traf er im Herbst 1847 zufällig mit Ernst Heinrich und Eduard Weber zusammen, welche gleichfalls auf einer Wanderung begriffen waren. Die Bekanntschaft mit diesen Gelehrten, mit welchen er in einer Hütte übernachtet hatte, zog Hoppe so sehr an, dass bald sein Entschluss fest stand, seine Studien in Leipzig fortzusetzen, wo er die nächsten fünf Semester zubrachte und bei den Brüdern Weber, in deren Hause er gerne und oft verkehrte, eine freundliche Aufnahme fand. Hier empfing er seine eigentliche medicinische Ausbildung und diejenige Schulung des Geistes, durch welche er seine Stellung in der Wissenschaft begründet hat.

Es war natürlich, dass er ein eifriger Schüler aller drei Brüder Weber wurde; er hörte bei W. Weber Physik, bei E. H. Weber Physiologie und Anatomie, bei Ed. Weber Nerven- und Muskellehre, und nahm an den von ihnen geleiteten praktischen Uebungen theil, er besuchte die Vorlesungen von Erdmann über organische Chemie und die von Lehmann über physiologische Chemie und Pharmakologie. Bei letzterem arbeitete er im Laboratorium. Oppolzer, Günther und Jörg waren seine klinischen Lehrer. Pathologische Anatomie hörte er hei Bock, vergleichende Anatomie bei Assmann, Materia medica bei Braune.

Von nachhaltigem Einfluss auf seine Entwicklung waren während seines Aufenthaltes in Leipzig seine Beziehungen zu den Gebrüdern Weber, besonders zu E. H. Weber, mit welchem er auch später noch correspondirte. Dieser war in jener Zeit mit seinem Bruder W. Weber mit Untersuchungen über die Fortpflanzung des Schalles im Wasser beschäftigt, und nahm gerne, wenn er eine Assistenz nöthig hatte, dafür den jungen Hoppe in Anspruch. Bei einer Reihe von Versuchen war es erforderlich, dass dieser mit einer Glasröhre im Munde längere Zeit unter dem Wasser verweilte. Dabei kam es vor, wie Hoppe-Seyler in späteren Jahren mit Vergnügen erzählte, dass Weber, wenn seine Aufmerksamkeit abgelenkt worden war, seinen Taucher und das mit ihm verabredete Zeichen vergass, und dieser, wenn er des langen Wartens unter dem Wasser müde zur Oberfläche zurückkehrte, seinen Lehrer im eifrigsten Gespräche mit einem eben hinzugekommenen Bekannten antraf.

Im Frühjahr 1850 siedelte er nach Berlin über, wo er die Poliklinik von Romberg besuchte, Chirurgie bei Langenbeck, forensische Chemie und Receptirkunde bei Casper hörte. Im Mai desselben Jahres trat er als Unterarzt beim Kaiser Alexander Garde-Regiment ein, bei welchem er sein Jahr als Freiwilliger diente. Im Herbst 1850 promovirte er in Berlin mit einer E. H. Weber gewidmeten Dissertation[1]: «Ueber die Struktur des Knorpels und Einiges über das Chondrin», welche in einen chemischen und einen histologischen Theil zerfällt. In ersterem wurden die Darstellung und die Eigenschaften des Chondrins beschrieben und die Einwirkung von Wasser, Säuren und Alkalien untersucht. Eines der wichtigeren Ergebnisse dieser Arbeit war die Feststellung, dass bei der Spaltung des Chondrins neben anderen Produkten Leucin, aber kein Glycocoll gebildet wird. Damit war ein für die damalige Auffassung wichtiger Unterschied zwischen der Constitution dieses Körpers und des Leims gewonnen. Dass auch aus dem Chondrin, wie wir jetzt wissen, kleine Mengen von Glycocoll abgespalten werden, konnte damals leicht übersehen werden. Hoppe-Seyler ist später wiederholt zur Chemie des Knorpels und des Chondrins zurückgekehrt. Zwei

[1]) Ein Auszug ist im Journ. f. pract. Chem., 106, S. 129, publicirt.

Dissertationen (De Bary, Tübingen 1864 und v. Mering, Strassburg 1873), welche hauptsächlich mit der Ermittlung der Natur des zuckerartigen Körpers, den Boedeker unter den Spaltungsproducten des Chondrins zuerst beobachtet hat, sich beschäftigten, sind bei ihm ausgearbeitet worden.

Am 1. Mai 1851 erhielt Hoppe die Approbation als Arzt und Wundarzt. Um in der Geburtshilfe sich weiter auszubilden, ging er zunächst nach Prag. Im Herbst dieses Jahres kam er nach einer längeren Reise in die Alpen und in Oberitalien über Triest nach Wien, wo er die Kliniken und Curse besuchte. Hier hat er sich besonders eingehend mit innerer Diagnostik unter Skoda beschäftigt. Im Frühjahr 1852 absolvirte er auch die geburtshilfliche Prüfung, welche damals getrennt von dem übrigen Staatsexamen abgenommen wurde, und liess sich in Berlin als praktischer Arzt nieder. Im Herbst 1852 bekam er die Stelle eines Assistenzarztes an einer Cholerabaracke, im folgenden Jahre wurde er Unterarzt am Arbeitshaus.

Die Ausübung der ärztlichen Praxis gewährte ihm indessen nicht hinreichende Befriedigung. Zwar fand er in jener Zeit genügend Musse zu wissenschaftlichen Arbeiten, deren Ergebnisse er in der Gesellschaft für wissenschaftliche Medicin vortrug, welcher er bald nach seiner Rückkehr nach Berlin beigetreten war. Indessen fehlten ihm die Hilfsmittel zu experimentellen Untersuchungen fast ganz. Er bemühte sich desshalb, eine Anstellung an einer Universität zu erlangen, was ihm im Herbst 1854 gelang. Als Nachfolger von Max Schultze, der kurz vorher nach Halle versetzt worden war, erhielt er bei dessen Vater, welcher Professor der Anatomie in Greifswald war, die Stelle des Prosectors. Allein auch hier, wo er sich bald habilitirte, gestalteten sich die Verhältnisse für seine wissenschaftliche Thätigkeit aus persönlichen Gründen nicht so befriedigend, wie Hoppe es erwarten konnte. Mit Freuden folgte er daher der Aufforderung von R. Virchow, als Prosector an das neue pathologische Institut in Berlin, und als Leiter des dort eingerichteten chemischen Laboratoriums, von wo aus sein wissenschaftlicher Ruf sich immer mehr verbreitete. Er entfaltete hier bald eine äusserst erfolgreiche Lehrthätigkeit durch chemische und physiologisch-chemische Vorlesungen für Aerzte, welche stark besucht waren. In seinem Laboratorium versammelten sich bald in grosser Zahl Schüler, darunter viele Ausländer. Seine späteren Collegen in Strassburg Gusserow, Leyden, Lücke, v. Recklinghausen, ferner M. Herrmann, W. Kühne, Al. Schmidt und viele Andere, welche später eine hervorragende Stellung in den verschiedensten Zweigen der Medicin einnahmen, arbeiteten damals bei ihm. Von Russen gehörten unter Anderen Botkin, Sacharijn, von englischen Aerzten Wilson Fox zu seinen Schülern.

Die zahlreichen Publicationen, welche in rascher Folge aus dem Laboratorium des pathologischen Institutes hervorgingen, zeigen, mit welch unermüdlicher Arbeitskraft Hoppe-Seyler sich den Aufgaben seiner neuen Stellung, welche ihm volle Befriedigung gewährte, gewidmet hat. Und doch waren auch hier zunächst mancherlei Schwierigkeiten zu überwinden. Als Hoppe in Virchow's Institut eintrat, hatte er auch die Verpflichtung, Virchow als Prosector zu vertreten, mit übernehmen müssen. In dieser Eigenschaft hat Hoppe eine grosse Zahl von Sectionen ausgeführt. Als er mit seinen bahnbrechenden Untersuchungen über den Blutfarbstoff beschäftigt war, welche Elementaranalysen in grösserer Zahl erforderten, konnte er diese nur Sonntags ausführen, weil er an den Wochentagen nie davor sicher war, dass er nicht zu einer Section abberufen werde, wodurch die begonnene Arbeit verloren ging. Indessen gelang es Virchow, welcher das Arbeitsfeld Hoppe's mit Freude und Stolz wachsen sah, bald eine 2. Assistentenstelle, in welche zuerst Grohe und als dessen Nachfolger v. Recklinghausen eintraten, bewilligt zu erhalten, so dass Hoppe von der Verpflichtung, bei Sectionen einzutreten, entbunden werden konnte.

Hoppe-Seyler hat bei jeder Gelegenheit rühmend daran erinnert, dass es Virchow's weitem Blick zu verdanken sei, dass an der Berliner Universität eine nahezu selbstständige Stellung für physiologische Chemie geschaffen wurde. Man muss dabei sich daran erinnern, dass es damals noch kein Universitätslaboratorium in Berlin gab und in Mitscherlich's Privatlaboratorium immer nur einige wenige bevorzugte Schüler Aufnahme fanden. Hoppe-Seyler war Virchow ganz besonders dafür dankbar, dass er ihm die Möglichkeit verschafft hat, in diejenige wissenschaftliche Laufbahn und Thätigkeit einzutreten, für welche er schon seit seiner Studienzeit Liebe und Neigung besessen hat.

Da Hoppe-Seyler schon in Greifswald habilitirt war, fand er in Berlin durch eine Antrittsvorlesung Aufnahme in den Lehrkörper der medicinischen Facultät. Im Jahre 1860 wurde er zum Extraordinarius befördert. Zwei Jahre vorher hat er seine treue Lebensgefährtin Agnes Franziska Maria Borstein, welche er schon von Jugend auf kannte, heimgeführt. Aus dieser denkbar glücklichsten Ehe gingen ein Sohn und eine Tochter hervor. Ersterer, Georg Hoppe-Seyler, in vielen Beziehungen das Ebenbild seines Vaters, ist seit einigen Jahren ausserordentlicher Professor der Medicin in Kiel und Leiter des dortigen städtischen Krankenhauses; den Lesern dieser Zeitschrift ist er durch eine Reihe werthvoller Arbeiten bekannt, die er in ihr veröffentlicht hat.

Im Frühjahr 1861 folgte Hoppe-Seyler der Berufung in die medicinische Facultät in Tübingen auf den durch Schlossberger's Tod frei gewordenen Lehrstuhl für angewandte Chemie, zunächst als Extraordinarius. In kurzer Zeit erfolgte seine Ernennung zum Ordinarius. Als die Vertreter der naturwissenschaftlichen Fächer in Tübingen, Leydig, Mohl, Quenstedt, Reusch, Strecker, und die Vertreter der Mathematik den Plan fassten, eine naturwissenschaftliche Facultät zu gründen, forderten sie Hoppe-Seyler auf, sich ihnenr anzuschliessen, was dieser nach einiger Ueberlegung gerne that.

Das Laboratorium Hoppe-Seyler's war in der früheren Küche des alten Schlosses und einigen angrenzenden Räumen untergebracht. Die Einrichtungen waren äusserst primitiv und die Mittel zur Unterhaltung des Institutes sehr gering. Trotzdem wusste Hoppe-Seyler in diesen Räumen, welche durch die Gewölbe und mehr als zwei Meter starken Mauern im

Sommer vor der Hitze geschützt waren, eine ausgebreitete Lehrthätigkeit zu entwickeln. Die jungen Mediciner fanden sich im Sommer jeweils vollzählig in seinen praktischen Cursen ein. Ausserdem versammelte sich auch hier ein grosser Kreis älterer Schüler um ihn, deren Arbeiten zum grösseren Theil in den von ihm herausgegebenen «Medicinisch-chemischen Untersuchungen» 1867—1871 veröffentlicht sind.

In Tübingen las Hoppe-Seyler mit Strecker und später mit Fittig (von 1870 ab) abwechselnd anorganische und organische Chemie, ausserdem im Winter Toxikologie und im Sommer physiologische Chemie.

Seine Vorlesungen waren sowohl wegen des anregenden Vortrages als der sorgfältig vorbereiteten Experimente und Demonstrationen ausserordentlich beliebt. Sein Colleg über organische Chemie hatte in den 60er Jahren ausserdem den Reiz des Neuen, denn er führte schon damals seine Zuhörer in die jüngste Entwicklungsphase der organischen Chemie ein, welche durch Dumas, Gerhardt und Laurent inaugurirt und durch die glänzenden Arbeiten Kekulé's eben zu einem gewissen Abschlusse gelangt war. Manchem seiner damaligen Schüler blieb in guter Erinnerung, mit welcher Entschiedenheit und Wärme Hoppe-Seyler für die Anerkennung der Verdienste Laurent's um diese Entwickelung, die damals noch nicht überall unbefangen gewürdigt wurden, eingetreten ist.

In Tübingen stand Hoppe-Seyler in nahen persönlichen Beziehungen zu Bruns, Niemeyer, mit welchem er schon von früher her befreundet war, und zu Quenstedt, dessen lebendiger Geist ihn anzog. Er gewann dort auch in anderen Facultäten gute Freunde, zu welchen der frühere Kanzler G. Rümelin und dessen Nachfolger C. H. Weizsäcker, ferner Michaelis, der ihm später im Herbst 1873 an die Strassburger Hochschule gefolgt ist, gehörten. Langjährige Freundschaft verband ihn mit dem Sanskritforscher Roth, der ihm um wenige Wochen im Tode vorangegangen ist.

Als die Universität in Strassburg neu gegründet wurde, bestand kein Zweifel darüber, dass zur Vollständigkeit der medicinischen Facultät ein Lehrstuhl für physiologische Chemie gehört, auf den kein Besserer als Hoppe-Seyler berufen werden konnte.

Im Frühjahr 1872 bezog Hoppe-Seyler die Räume im Erdgeschoss der früheren École de Médecine, in deren erstem Stock das physiologische, im zweiten Stock das pharmakologische Institut, gleichfalls provisorische Unterkunft fanden. Das Gebäude war erst wenige Jahre vorher zum Theil für andere Zwecke erbaut worden. Für den Betrieb eines physiologisch-chemischen Institutes waren aber die verfügbaren Räume nicht sonderlich geeignet und namentlich nicht ausreichend. Anscheinend unberührt von der Neugestaltung der Dinge arbeitete dort noch der schon hoch betagte frühere Vertreter der Chemie an der französischen Facultät Prof. Cailliot, der durch Untersuchungen über Harze und die Entdeckung der Terephtalsäure sich bekannt gemacht hat. Mit der ihm eigenen Liebenswürdigkeit ermöglichte Hoppe-Seyler dem greisen Forscher, seine Arbeiten noch ein Semester lang fortzusetzen. Cailliot hat sich später nach Paris zurückgezogen und bei Würtz, der ihn als seinen Lehrer sehr verehrte, noch einige Zeit gearbeitet. Auch mit Prof. Schlagdenhauffen, welcher dem früheren Lehrkörper der Strassburger Hochschule angehört hatte, theilte im ersten Semester Hoppe-Seyler einen Arbeitsraum seines Laboratoriums.

Elf Jahre blieb Hoppe-Seyler's Institut in der früheren École de Médecine, deren Räume immer mehr unzureichend wurden. Denn es war dort nicht möglich, grössere Apparate aufzustellen und ausser den Arbeitssälen waren Nebenräume für physikalische Untersuchungen, für Thierställe u. dgl. fast gar nicht vorhanden.

Um so vollkommener und zweckmässiger waren Anlage und Ausstattung des nach Hoppe-Seyler's Angaben erbauten neuen Institutes, des ersten Gebäudes, welches an einer Deutschen Universität für die Zwecke der Forschung und des Unterrichts in der physiologisch-chemischen Wissenschaft erbaut und eingerichtet worden ist.

Auch aus diesem Institute sind zahlreiche wichtige Arbeiten Hoppe-Seyler's und seiner Schüler hervorgangen.

Hier war es ihm möglich, Apparate anzuschaffen, die er früher oft vermisst hatte, wie z. B. den für die Untersuchung des menschlichen Stoffwechsels geeigneten Respirationsapparat nach dem Princip von Regnault und Reisset, dessen Beschreibung eine seiner letzten Publicationen (diese Zeitschr., Bd. 19, S. 574) gewidmet ist, ferner den grossen Lippich-schen Halbschattenapparat, mit welchem die genauesten Ermittelungen der Circumpolarisation ausgeführt werden können.

Das Vertrauen und Ansehen, welches Hoppe-Seyler seitens seiner Collegen in Strassburg genoss, fand einen Ausdruck in seiner Wahl zum Rector der Universität, welche im zweiten Jahre ihres Bestehens erfolgte. Als Nachfolger des grossen Botanikers de Bary hat Hoppe-Seyler dieses Ehrenamt, das damals noch viele Arbeiten, welche mit der Einrichtung der Universität zusammenhingen, und Verhandlungen mit der Reichsregierung mit sich brachte, bekleidet.

Im Gesundheitsrathe der Stadt Strassburg hat Hoppe-Seyler während einer Reihe von Jahren segensreich gewirkt. Auch nachdem er dieser Corporation nicht mehr angehörte, ist er durch Darlegung seiner Ansichten über wichtigere hygienische Fragen für die Entwicklung der sanitären Verhältnisse in den Reichslanden anregend und fördernd thätig gewesen.

Hoppe-Seyler hielt in Strassburg Vorlesungen über physiologische Chemie, Toxicologie und forensische Chemie, über Stoffwechsel und Ernährung und über Hygiene. Sein Vortrag war lebhaft und ungekünstelt und in hohem Grade fesselnd. Die zahlreichen Vorlesungs-Experimente waren zum Theil von Hoppe-Seyler selbst erdacht oder für die Zwecke des Unterrichts abgeändert. Sein wohlwollendes, hilfreiches Wesen fand in den praktischen Cursen besonders deutlichen Ausdruck. Mit unermüdlicher Geduld führte er die Anfänger in die praktische Chemie ein, kein Ungeschick, keine Unwissenheit erschöpfte seinen Langmuth. Oft trat er jüngeren Praktikanten, deren Verständniss und Eifer er erkannt hatte, mit der Herzlichkeit eines Freundes entgegen.

In Strassburg wie in Tübingen versammelte Hoppe-Seyler in grosser Zahl Schüler um sich, unter denen immer viele Ausländer sich befanden, namentlich russische Aerzte. In Tübingen gehörten unter Anderen seinem Laboratorium an: P. Bruns, Buliginsky, Diakonow, Froriep, Gaehtgens, Liebreich, Löbisch, Lubavin, Manassein, Miescher, Obolensky, Parke, Salkowski, Tolmatscheff, Zalesky. In Strassburg arbeiteten bei ihm von russischen Aerzten: V. Paschutin, der gegenwärtige Präsident der militärmedicinischen Academie in Petersburg, ferner Lukjanow, Director des Kaiserl. Institutes für experimentelle Medicin und viele andere Gelehrte, welche an den russischen Hochschulen hervorragende Stellungen einnehmen, wie Horvath, Kistiakowsky, Popoff, Rajewsky, Sokoloff, Tarchanoff, Woroschiloff u. A., von Belgien, Frédéricq, Chandelon, Errera, Gilkinet, Putzeys, ferner Herter, Giacosa, v. Jacksch, Ledderhose, v. Mering, Mauthner, Sundwik, Zweifel, v. Udránszky u. A. Schon eine Aufzählung aller Derer, welche Arbeiten aus seinem Laboratorium publicirt haben, würde zu weit führen.

In den Ferien ruhte sein Streben nach Beobachtung und Erkenntniss der Naturerscheinungen niemals, nur gewann es eine andere Gestalt als im Laboratorium.

Auf Fusswanderungen, welche er seit seiner Studienzeit oft unternahm, hat er die Alpen und Italien gründlich kennen gelernt. Auf seinen Reisen war sein lebhaftes Interesse der Pflanzenwelt und den geologischen Verhältnissen der Gegenden, durch welche er kam, gewidmet. Nicht selten arbeitete er Beobachtungen und Anregungen, welche auf solchen Wanderungen entstanden, später weiter aus. Auch der Bodensee, den er während einer langen Reihe von Jahren regelmässig aufsuchte, bot ihm mancherlei Anlass zu wissenschaftlichen Beobachtungen.

Unmittelbar nach Schluss des Sommersemesters hat er mit seiner Gattin und Tochter der Hochzeitsfeier seines Sohnes in Kiel in jugendlicher Frische beigewohnt. Wegen der Abgabe eines von ihm eingeforderten gerichtlichen Gutachtens kehrte er von Kiel auf einige Tage nach Strassburg zurück, von wo er am 9. August sein geliebtes Wasserburg am Bodensee aufsuchte, wo er seit zwei Jahrzehnten einen reizend gelegenen Landsitz besass. Am Vormittag des 10. August, als er gerade die Flottmachung seiner Boote überwachte, hat ihn ein tückischer Herzschlag plötzlich dahingerafft.

Wie sehr Hoppe-Seyler auch an dem Orte, an welchem er nur eine kurze Zeit des Jahres verlebte, geachtet und geliebt war, zeigte sich in der allgemeinen Theilnahme der Bevölkerung bei seinem Tode, und in dem den Hinterbliebenen bewiesenen allseitigen Entgegenkommen, als es sich darum handelte, ob die Beisetzung auf dem Kirchhofe der katholischen Gemeinde Wasserburg erfolgen könne. Auf diesem in den See in Form einer Halbinsel sich erstreckenden Friedhofe, dessen Kirchlein weithin sichtbar ist, an einem der schönsten Punkte des Bodensees, hat unser unvergesslicher Meister seine Ruhestätte gefunden. Ein unabsehbarer Zug von Leidtragenden, den zum Theil aus weiter Ferne herbeigeeilten Collegen, Freunden und Schülern, welchen Bewohner von Wasserburg und Lindau in grosser Zahl sich anschlossen, gab ihm an einem schönen Sommermorgen das Geleite auf seinem letzten Wege.

Der Rector der Universität Strassburg, Prof. Fittig, der Dekan der med. Facultät, Prof. Madelung und einer der früheren Schüler Hoppe-Seyler's gaben dem Schmerz und der Trauer um den Verlust des Collegen, Freundes und Lehrers warmen und herzlichen Ausdruck. Pfarrer Reinwald aus Lindau, welcher in Hoppe-Seyler einen älteren Freund verlor, feierte in beredten Worten sein Andenken, indem er von seinem Leben und edlen Charakter ein klares Bild entwarf.

Als Hoppe-Seyler seine wissenschaftliche Thätigkeit begann, war es ein Hauptmangel der physiologisch-chemischen Forschung, der auch die Beurtheilung ihrer Ergebnisse trübte, dass wenig zuverlässige Methoden für analytische Untersuchungen existirten. Wohl hatten Liebig und seine Schüler,

C. Schmidt, Mulder, Scherer, Strecker u. Andere, denen Frerichs, Gorup v. Besanez, Heintz, Schlossberger, Städeler sich anschlossen, werthvolle Untersuchungsmethoden geschaffen. Allein das durch Liebig's Eintreten für die physiologische Chemie erweckte Interesse der Chemiker wurde bald wieder von ihr abgezogen und blieb während einer langen Reihe von Jahren vorwiegend und beinahe ausschliesslich der Lösung der interessanten Probleme, welche die schnell sich entwickelnde organische Chemie stellte, zugewendet.

Hoppe-Seyler's Augenmerk war von Anfang an auf die Verbesserung der damals bekannten und die Auffindung neuer Methoden gerichtet. Die Untersuchungsmethoden der Milch, des Blutes, der Galle, seröser Flüssigkeiten, des Harns, der Differenzirung der Eiweisskörper sind durch ihn wesentlich vervollkommnet und zum Theil begründet worden. Ein besonderes Verdienst Hoppe-Seyler's besteht darin, dass er die physikalischen Untersuchungsmethoden der Circumpolarisation, der Spektralanalyse, der durch Bunsen vervollkommneten Gasanalyse, der später von Vierordt und Hüfner weiter ausgebildeten Colorimetrie in der physiologischen Chemie einbürgerte oder in sie eingeführt hat. Manche derselben sind von ihm verbessert worden.

Eine allgemeine und unbedingte Anerkennung fand bald sein Handbuch der physiologisch- und pathologisch-chemischen Analyse, das im Jahre 1858 zum ersten Mal erschien, und seitdem eine Reihe von Auflagen, die in alle modernen Sprachen übersetzt wurden, erlebt hat. Jede neue Auflage dieses Werkes gab Hoppe-Seyler Veranlassung zu erneuten Prüfungen der darin beschriebenen Methoden und zur Auffindung mancher Verbesserungen, die oft nicht weiter von ihm publicirt wurden. Der Werth dieses Werkes, welches noch jetzt der unentbehrlichste Rathgeber bei physiologisch-chemischen Arbeiten ist, besteht wesentlich darin, dass keine Reaction und keine Untersuchungsmethode in ihm beschrieben sind, welche Hoppe-Seyler nicht aus eigener Erfahrung gekannt hätte. Die letzte Auflage, welche als sechste vor zwei

Jahren erschienen ist, hat Hoppe-Seyler gemeinschaftlich mit Thierfelder bearbeitet.

Nicht minder bedeutungsvoll ist das grosse Werk Hoppe-Seyler's «Physiologische Chemie» (Berlin 1877—1881), welches in vier Abtheilungen eine ebenso erschöpfende als klare Darstellung der damaligen Entwickelung dieser Wissenschaft und ihrer bisherigen Errungenschaften gibt. In diesem Buche, in welchem die zahlreichen Beziehungen der physiologischen Chemie zu allen Zweigen der Medicin und der Naturwissenschaften verfolgt und berücksichtigt werden, offenbart sich dem Leser das vielseitige und umfassende Wissen Hoppe-Seyler's ebenso sehr als seine Originalität in der Behandlung und Betrachtung der Lebenserscheinungen. Wie er hier seine Aufgabe erfasste, sagen am besten seine eigenen Worte in der Vorrede:

> «Es ist nicht mein Bestreben gewesen, die grosse Unsicherheit und die zahlreichen Lücken der chemischen Kenntnisse des Baues und der Lebensvorgänge der Organismen durch kühne Hypothesen und wohlklingende Phrasen zu verdecken, ich habe mich viel mehr bemüht, das thatsächlich Feststehende abzugrenzen, die Unsicherheit und Mängel hergebrachter Annahmen und Vorstellungen hervortreten zu lassen, der gegründeten Hypothese aber, entsprechend der sie stützenden thatsächlichen Basis, den berechtigten Platz einzuräumen».

In einer jungen Wissenschaft, welcher von sehr vielen Seiten her Bausteine ungleicher Art und von sehr verschiedenem Werthe zugetragen werden, ist die Kritik seitens eines so weitblickenden und kenntnissreichen Forschers, wie es Hoppe-Seyler war, von ebenso grossem Werthe, als selbst die Förderung neuer Thatsachen. Je schwieriger die experimentelle Lösung von Fragen, welche mit dem Leben zusammenhängen, ist, um so kühner und gewagter sind bekanntlich die Hypothesen, welche Vieles oder Alles durch eine mehr oder minder scharfsinnige Speculation erklären wollen. Dass eine purificirende Kritik hierbei zu manchen Conflicten führt, ist eine naturgemässe Erscheinung. Wer die polemischen

Schriften Hoppe-Seyler's liest, bemerkt bald, dass er eine scharfe Klinge führte, er erkennt aber auch, dass ihm die Sache und ihre Bedeutung für die Wissenschaft immer höher stand als die Person. Er hielt sich für verpflichtet, für die von ihm vertretene Ansicht einzustehen, so oft diese mit thatsächlichen Gründen angefochten wurde. Bei seinen Entgegnungen war er immer bemüht, seine Beweisführungen durch neue zu diesem Zweck ausgeführte Beobachtungen tiefer zu begründen und zu unterstützen.

Als Ad. Würtz, welcher viele Jahre lang über physiologische Chemie vorgetragen und ein bekanntes Lehrbuch, «Traité de chimie biologique», verfasst hat, zum letzten Male in Berlin (1878) war, hat er den treffenden Ausspruch gethan, dass für das Ansehen und die Entwickelung der physiologischen Chemie Niemand so viel gethan habe als Hoppe-Seyler.

So lange Hoppe-Seyler Vorlesungen über anorganische Chemie hielt, hat er auch experimentelle Arbeiten in dieser Richtung ausgeführt. Er fand (1863), dass die beim Erhitzen von Manganverbindungen mit Bleisuperoxyd und Schwefelsäure entstehende rothe Lösung die Absorptionsstreifen der Uebermangansäure zeigt, und nicht, wie Rose angenommen hatte, eine Verbindung des Manganoxyds enthält. Die Reaction selbst, welche an Empfindlichkeit der Mangan-Schmelze nicht nachsteht, ist seitdem als Hoppe-Seyler's Manganprobe den Chemikern bekannt.

Bald nach der Entdeckung des Indiums zeigte Hoppe-Seyler (1866) das Vorkommen des neuen Metalls im Wolfram von Zinnwald, in welchem es neben geringen Mengen von Zink sich findet.

In analytischer Hinsicht von Wichtigkeit sind auch die von Hoppe-Seyler veranlassten Versuche von Makris (1877) über die Will-Varrentrapp'sche Methode der Stickstoffbestimmung. Dabei zeigt sich, dass als Fehlerquellen bei dieser damals noch viel gebrauchten Methode sowohl die Dissociation des Ammoniaks als auch die Verbrennung eines Theiles der letzteren in Betracht kommen können. Dadurch wurde erklärt, dass bei sehr stickstoffreichen Substanzen, z. B. der Harnsäure, nach dem genannten Verfahren leicht zu niedere Werthe gefunden wurden.

Für die Mineralogie und Geologie hat Hoppe-Seyler stets ein reges Interesse bekundet. Nicht selten betheiligte er sich an Versammlungen der Deutschen Geologischen Gesellschaft und verfolgte namentlich die Fragen der chemischen Geologie. Einige derselben hat er durch eigene experimentelle Untersuchungen erheblich gefördert. Er machte die damals (1865) nicht unwichtige Beobachtung, dass beim Erhitzen von Gips mit Kochsalzlösung auf 125—130° krystallisirter Anhydrit gebildet wird. 10 Jahre später veröffentlichte er eine Reihe von geschickt ersonnenen und sorgfältig durchgeführten Versuchen, durch welche die noch heute nicht vollständig geklärte Frage nach der Bildungsweise der mächtigen Dolomitmassen unserer Gebirge ihrer Lösung näher brachte (Zeitschr. d. Deutschen Geol. Ges. 1875), wobei ihm seine Bekanntschaft mit dem geologischen Auftreten des Dolomits in den Nord- und Süd-Alpen zu statten kam. Wenn auch sein Erklärungsversuch, nach welchem das Meerwasser das Magnesium, vulkanische Ausbrüche die zur Bildung des Dolomits nothwendige Temperatur geliefert haben sollen, in dem letzteren Punkte nicht ohne Widerspruch bleiben konnte, so ist es doch seinen Versuchen und Darlegungen mit zu verdanken, dass heute die Entstehung des Dolomits allgemein auf die Einwirkung des Meerwassers auf kohlensauren Kalk, die unter bestimmten Bedingungen erfolgt sein muss, zurückgeführt wird. Hoppe-Seyler's Untersuchungen bilden in der Dolomitfrage eine feste Grundlage, auf welche alle Forscher, welche mit diesem Gegenstande sich nach ihm befassten, zurückgegriffen haben.

Auf einem ganz anderen Gebiete liegen diejenigen Leistungen und Publicationen Hoppe-Seyler's, durch welche er sich weiteren Kreisen in der medicinischen Wissenschaft zuerst bekannt gemacht hat. Sie zeigen schon, von welcher Vielseitigkeit der Interessen der junge Gelehrte erfüllt war. Der

Zeit seiner ärztlichen Thätigkeit in Berlin entstammen seine Untersuchungen über die Gewebselemente der Knorpel, Knochen und Zähne, Versuche über die Bildung von Transsudaten, eine grosse Zahl klinischer Beobachtungen, die in «dem Bericht über das Arbeitshaus» (Deutsche Klinik) veröffentlicht sind und endlich seine Arbeiten über die Methoden der physikalischen Diagnostik.

Während diese Untersuchungsmethoden bis dahin hauptsächlich empirisch und im Zusammenhang mit der pathologischen Anatomie betrieben und selbst von ihrem berühmtesten Vertreter, Skoda, nur in unvollkommener Weise physikalisch erklärt worden waren, unternahm es Hoppe, als einer der ersten, klare physikalische Begriffe zu schaffen und die Lehre von der Percussion und Auscultation auf eine experimentelle Grundlage zu stellen. In seiner ersten Arbeit berichtet er über Experimente, welche die Schwingungsdauer der Töne unter verschiedenen Verhältnissen betreffen, besonders aber über die Schwingungen ebener und gebogener Platten und der angrenzenden Luftschichten. Diese Versuche führten ihn zur Ueberzeugung, dass der Percussionsschall ganz vorzugsweise von der Leistungsfähigkeit der Wandung des Thorax abhängig sei und dass die Grösse und Gestalt des angrenzenden Luftraums, also des «vielfach verzweigten Luftraums» der Lunge ausserdem des Magens u. s. w. für die Beschaffenheit des Percussionsschalles kaum in Betracht komme, ebensowenig wie das Gewebe der Lunge selbst, «da ihre Masse zu gering sei, um ein Hinderniss für die Schwingungen der Wandung abzugeben».

Da man bis dahin gerade die in der Brust und im Bauch eingeschlossenen Lufträume als «Schallbeherrscher» angesehen und die Schwingungen der Thorax- und Bauchwandung vernachlässigt hatte, so rief Hoppe-Seyler's Abhandlung grosses Aufsehen, aber auch manche Entgegnung von Skoda, Wintrich und anderen hervor. Jedenfalls blieb es Hoppe-Seyler's unbestrittenes Verdienst, die Bedeutung der schwingenden Wandung richtig erkannt und an Stelle der vielfach laienhaften Begriffe und Schlagworte exacte physikalische Vorstellungen in die Lehre von der Percussion eingeführt zu haben.

In der zweiten Arbeit beschäftigte sich Hoppe-Seyler mit der Auscultation der Stimme am Thorax und wies in überzeugender Weise nach, dass die von Skoda unter dem Namen der «Consonanz» zusammengefassten Erscheinungen der Laënnec'schen Bronchophonie und Pectoriloquie als ganz verschiedene Dinge auseinanderzuhalten seien, dass sie ferner nicht, wie Skoda wollte, durch Resonanz, sondern durch bessere Leitungsfähigkeit der infiltrirten Lunge und der pleuritischen Ergüsse erklärt werde. Auch diese Arbeit begegnete heftigem Widerspruch und Hoppe-Seyler's dritter Aufsatz beschäftigt sich damit, die Einwürfe zu widerlegen und zu erklären, warum die Stimmvibrationen über pneumonischen Infiltraten bisweilen vermindert, bisweilen verstärkt sind.

Manche von den Deductionen Hoppe-Seyler's sind im Laufe der Jahrzehnte als unzutreffend erkannt worden, Vieles aber ist geblieben und als dauernder Schatz in den Besitz der klinischen Medicin übergegangen und Hoppe-Seyler's Namen wird auch heutzutage[1]) noch neben denen von Traube, Wachsmuth und Wintrich genannt, als eines Mannes, der die Lehre von der physikalischen Diagnostik in echt wissenschaftlichem Geiste gefördert und befestigt hat.

Bei der grossen Vielseitigkeit, die Hoppe-Seyler eigen war, hat er doch seine Thätigkeit mit Vorliebe auf einzelne Gebiete concentrirt. Hierher gehören in erster Linie der Blutfarbstoff und das Blut.

Die ersten Arbeiten auf diesem Gebiet knüpfen an die Giftwirkung des Kohlenoxyds an.

Schon Cl. Bernard hatte im Jahre 1857 die eigenthümliche Wirkung bekannt gemacht, welche das Kohlenoxyd auf die Färbung und den Sauerstoffgehalt des Blutes ausübt.

[1]) Z. B. in der neuesten Auflage des Gerhard'schen Lehrbuchs der Auscultation und Percussion.

Unabhängig davon fand Hoppe-Seyler in demselben Jahre, dass die hellrothe Farbe des Blutes, welche Wolff im Herzen von Arbeitern, die an Kohlenoxyd-Vergiftung gestorben waren, gesehen hatte, auf eine Verbindung von Kohlenoxyd mit dem Blutfarbstoff zurückzuführen sei.

Er constatirte, dass das Kohlenoxyd vom Blutfarbstoff fest gebunden wird, viel fester als der Sauerstoff. Weder das Vacuum der Luftpumpe noch der durchgeleitete Sauerstoff, noch die Einwirkung der Fäulniss vermochten diese Verbindung in erheblichem Maasse zu lösen. Er zog aus seinen Versuchen den Schluss, dass «derartig verändertes Hämatoglobulin nicht mehr fähig ist, als Träger des Sauerstoffs seine für das Blut und den ganzen Organismus so wichtige Function zu erfüllen»[1]).

Als er bald darauf (1858) Gelegenheit hatte, das Blut einiger Personen zu untersuchen, die an Kohlendampf-Vergiftung zu Grunde gegangen waren, fand er auch hier die Reactionen des Kohlenoxydblutes, speciell das von ihm beschriebene Verhalten gegen Natronlauge. Er stellte fest, dass das Kohlenoxyd selbst in solchen Fällen nachweisbar ist, wo Genesung eintritt und machte auf die forensische Bedeutung dieser Befunde aufmerksam[2]).

Das Jahr 1862 brachte eine der wichtigsten Entdeckungen Hoppe-Seyler's: Das Absorptionsspectrum des Blutfarbstoffs[3]). D. Brewster, Herschel und Müller hatten die Lichtabsorption gefärbter Stoffe im Spectrum beobachtet, Hoppe-Seyler erkannte, dass hier ein Mittel vorliegt, um Farbstoffe in geringen Spuren aufzusuchen und ihre Veränderungen zu erkennen. Er beschrieb das Spectrum des Oxyhämoglobins und zeigte, dass dasselbe auch in ungelösten rothen Blutkörperchen und im Blut der verschiedensten Thiere in gleicher Weise erkennbar ist. Die Umwandlung des Blutfarbstoffs in Hämatin und andere Veränderungen des Blutes bringen das charakteristische Bild zum Verschwinden.

---

[1]) Virch. Arch., Bd. 11, S. 288.

[2]) Virch. Arch., Bd. 13, S. 104.

[3]) Virch. Arch., Bd. 23, S. 446.

Dieselbe Abhandlung enthielt in kurzen Worten noch die Lösung eines Räthsels, welches die Physiologen vielfach beschäftigt hatte. Reichert, Funke und Andere hatten das Auftreten roth gefärbter Krystalle im Blute beobachtet. Man hielt sie für Eiweisskrystalle, die in Folge einer Beimengung roth gefärbt seien und bemühte sich, sie durch Umkrystallisiren in farblosem Zustande darzustellen. Hoppe-Seyler erkannte, dass dies Bestreben ein vergebliches sein müsse, denn er fand, dass es der Farbstoff des Blutes selbst ist, der die Krystalle bildet. Dieser Farbstoff zerlegt sich in einen Eiweissstoff und das «von Wittich'sche Hämatin».

Der Untersuchung dieses krystallisirten Blutfarbstoffs wandte Hoppe-Seyler nun seine volle Thätigkeit zu. Es folgte zunächst eine Abhandlung über die Einwirkung des Schwefelwasserstoffs auf den Blutfarbstoff, in welchem die Abhängigkeit dieser Einwirkung von der Gegenwart des Sauerstoffs dargethan wurde[1]), später noch weitere Mittheilungen «über die chemischen und optischen Eigenthümlichkeiten des Blutfarbstoffs»[2]).

Im Jahre 1864 publicirte auch Stokes seine Untersuchungen, welche er, angeregt durch die erwähnte Mittheilung Hoppe-Seyler's, begonnen hatte. Er beschrieb das Spectrum des reducirten Hämoglobins (von Stokes «Cruorin» genannt) und ergänzte somit die voraufgegangenen Angaben Hoppe-Seyler's[3]). Die zweite und dritte Mittheilung Hoppe-Seyler's (Virch. Arch., Bd. 29) waren Stokes unbekannt geblieben, seine Beobachtungen aber stimmten mit denen Hoppe-Seyler's vollkommen überein. Durch diese Arbeit und durch den bald darauf erschienenen Aufsatz Hoppe-Seyler's[4]) wurde der Einfluss des locker gebundenen Sauerstoffs auf die Lichtabsorption vollkommen aufgeklärt. Der verschiedenartige Einfluss der reducirenden Mittel, z. B. des Schwefelammoniums auf normales und auf kohlenoxydhaltiges Blut, gab ein Mittel, um den Kohlenoxydgehalt des Blutes

[1]) Med.-chem. Unters., 1863, S. 433.

[2]) Virch. Arch., Bd. 29, S. 233; ebenda Bd. 29, S. 597.

[3]) Phil. Magazine, 1864 Nov., S. 391.

[4]) Med.-chem. Unters., 1864, S. 817 und 834.

nachzuweisen[1]) und illustrirte deutlich die festere Bindung an das Hämoglobin.

Es war durch diese Untersuchungen Hoppe-Seyler's die bisher räthselhafte von Magnus entdeckte Fähigkeit der Blutkörperchen, den Sauerstoff zu binden, als eine Funktion des Blutfarbstoffs erkannt worden, er hatte gezeigt, dass man dem Blutfarbstoff diesen Sauerstoff durch das Vacuum entziehen kann, ohne den Farbstoff dadurch zur erneuten Aufnahme des Sauerstoffs unfähig zu machen. In welcher Weise wird nun dieser Sauerstoff zur physiologischen Oxydation verwendet? Findet diese im Blute statt, etwa durch Vermittlung reducirender Substanzen, die aus dem Gewebe in das Blut übertreten, oder dringt der Sauerstoff in die Gewebe ein, um hier in chemische Bindung einzutreten? Hoppe-Seyler beantwortet diese Fragen durch eine Reihe von Experimenten[2]), in denen er den Nachweis führte, «dass man weder durch den Blutfarbstoff im Stande ist, kräftiger auf organische Stoffe Sauerstoff einwirken zu lassen, als durch atmosphärische Luft, noch überhaupt durch defibrinirtes Blut eine oxydirende Wirkung erhalten kann, die nicht auch durch den Sauerstoff der Luft herbeigeführt werden könnte, dass dagegen lebende Gewebsstücke (Arterienwand, Muskelschnitte) dem Blute den locker gebundenen Sauerstoff relativ schnell entziehen»[3]).

Durch diese im Jahre 1866 publicirten Versuche wurden mit Bestimmtheit die Gewebe als Sitz der Oxydationsprocesse bezeichnet. Wiederum war Hoppe-Seyler der Erste, welcher die Stätte erkannte, wo der im Blute disponible Sauerstoff seine oxydirende Wirkung entfaltet. Pflüger hat später durch geistvolle Experimente und Deductionen weitere experimentelle Stützen für diese Beweisführung erbracht.

Die Frage nach den Oxydationsvorgängen im Thierkörper hat Hoppe-Seyler immer wieder beschäftigt. Im Zusammenhang mit seinen Untersuchungen über den Einfluss des Sauerstoffs auf die Gährungsvorgänge untersuchte er die

[1]) Med.-chem. Unters., 1865, S. 52.
[2]) Med.-chem. Unters., S. 133.
[3]) Pflüg. Arch., Bd. 7, S. 405.

Veränderung, welche der thierische Stoffwechsel unter dem Mangel des Sauerstoffs erleidet. Nach Versuchen, die er mit seinem Schüler Araki anstellte, kam er zu dem Schluss, dass das Fehlen des Sauerstoffs im thierischen Stoffwechsel, mag es durch Erstickung oder durch Kohlenoxyd-Vergiftung oder auf andere Weise hervorgerufen sein, zur Bildung von Milchsäure führt. Diese entsteht aus Kohlenhydraten; bei Gegenwart von Sauerstoff wird sie zu Kohlensäure und Wasser oxydirt. Es ist höchstwahrscheinlich, dass dies ein Vorgang ist, der für alle Organismen Gültigkeit besitzt und dass die «Milchsäure-Bildung bei Abwesenheit von freiem Sauerstoff, die Bildung von Kohlensäure und Wasser an ihrer Stelle bei Anwesenheit des Sauerstoffgases eine allen lebenden Protoplasmen bei Gegenwart von Glycogen oder Glycose allgemein zugehörende Eigenschaft darstellt»[1]).

Es folgten Untersuchungen über die Einwirkung des Schwefelwasserstoffs auf den Blutfarbstoff[2]) und bald darauf die umfassenden Untersuchungen: «Beiträge zur Kenntniss des Blutes der Menschen und der Wirbelthiere»[3]). Eine Vorbedingung für die Untersuchung der rothen Blutkörperchen war ihre Reindarstellung. Hoppe-Seyler gab ein Verfahren an, durch welches man die Blutkörperchen des defibrinirten Blutes mit Hülfe von Salzlösungen vom Serum befreien kann und beschrieb diejenige Methode zur Darstellung der Oxyhämoglobin-Krystalle, welche noch heute als die beste bezeichnet werden muss.

Bereits früher (1864) hatte Hoppe-Seyler die ersten Analysen des Blutfarbstoffs veröffentlicht, die mit den früheren Resultaten von C. Schmidt (1862) eine zufriedenstellende Uebereinstimmung ergaben. Er dehnte nunmehr diese Untersuchungen auf die verschiedensten Thierarten aus[4]) und kam zu dem Resultat, dass zwar die Lichtabsorption und das

---

[1]) Festschrift der Assistenten zur 70jährigen Geburtstagsfeier R. Virchow's.

[2]) Med.-chem. Unters., S. 141.

[3]) Med.-chem. Unters., S. 169.

[4]) Med.-chem. Unters., S. 169, S. 366.

Verhalten zum atmosphärischen Sauerstoff bei dem Blutfarbstoff verschiedener Thiere die gleichen sind, dass aber die verschiedenartigen Krystallformen, die Löslichkeitsverhältnisse und die Ergebnisse der Analysen zur Annahme verschiedener Blutfarbstoffe zwingen. Ein besonderes Interesse kommt der Bestimmung des locker gebundenen Sauerstoffs im Blutfarbstoff zu. Hierzu bediente er sich seiner im Jahre 1854 construirten Quecksilberpumpe, welche in dem Lehrbuch der physiologischen Chemie S. 491 abgebildet und beschrieben ist.

Als Zersetzungsproducte des Blutfarbstoffs waren das Hämin und das Hämatin nur unvollkommen bekannt. Hoppe-Seyler, der das Hämin schon früher als salzsaures Hämatin charakterisirt und die Beziehung zu den Gallenfarbstoffen, die in der Formel ihren Ausdruck findet, festgestellt hatte[1]), unterwarf das Hämin, das Hämatin und das Hämatoporphyrin einer gründlichen analytischen Untersuchung[2]) und stellte die Formeln fest.

Durch die Zersetzung des Blutfarbstoffs bei Abwesenheit von Sauerstoff erhielt Hoppe-Seyler ein neues eisenhaltiges farbiges Zersetzungsproduct, welches sich bei Zutritt von Sauerstoff sogleich in Hämatin verwandelt; er gab diesem Farbstoff den Namen «Hämochromogen». Er erkannte die Bedeutung, die diesem Körper als nächstem Spaltungsproduct des Hämoglobins und als Träger der wichtigsten Eigenthümlichkeiten des Blutfarbstoffs zukommt. Denn von der eisenhaltigen Gruppe des Hämochromogens hängt die Lichtabsorption und die Sauerstoffbindung ab und zugleich ist das Hämochromogen im Stande, sich mit Kohlenoxyd zu vereinigen. Es vergingen aber noch etwa 20 Jahre, bis es Hoppe-Seyler gelang, das Hämochromogen krystallisirt darzustellen und seine quantitative Abscheidung aus den Blutfarbstoffen zu beobachten[3]).

Nach seiner Ansicht sind die Beziehungen dieser Körper zu einander in der Art zu verstehen, dass das Hämatin eine

---

[1]) Virch. Arch., Bd. 29, S. 233 und 597.

[2]) Med.-chem. Unters., S. 297, 377 und 523.

[3]) Zeitschr., Bd. 13, S. 477.

Ferriverbindung ist, während das Hämochromogen — wie Hoppe-Seyler nachwies — das Eisen als Ferro-Atom enthält.

Schon früher hatte sich Hoppe-Seyler mit den Umwandlungen beschäftigt, die der Blutfarbstoff ohne Abspaltung des Eiweissantheils erleidet[1]). Hierbei bildete sich ein Körper, den Hoppe-Seyler zuerst von Hämatin unterschied und als «Methämoglobin» bezeichnete[2]) und dessen Eigenschaften und Verhältniss zum Oxyhämoglobin seine Aufmerksamkeit in vollem Maasse auf sich lenkte. Denn diese Substanz tritt unter den verschiedensten Bedingungen innerhalb und ausserhalb des Körpers als Umwandlungsproduct des Blutfarbstoffs auf. Hoppe-Seyler beschrieb das charakteristische Spectrum des Methämoglobulins und zeigte, dass es durch die Einwirkung verschiedener Oxydationsmittel auf den Blutfarbstoff entsteht, dass es aber auch durch Säuren direct aus dem Oxyhämoglobin hervorgeht und durch Eintrocknen des Blutes gewonnen wird. Durch die Einwirkung der Fäulniss bei Abwesenheit von freiem Sauerstoff oder durch reducirende Substanzen in schwach alkalischer Lösung wird das Methämoglobin in Hämoglobin zurückverwandelt; lässt man nun Sauerstoff hinzutreten, so bildet sich Oxyhämoglobin[3]). Die Natur dieser Substanz ist bisher viel umstritten gewesen, aber in neuerer Zeit ist für weitere Untersuchungen eine feste Grundlage gegeben durch die Arbeiten Hüfner's, dem es gelungen ist, diesen Körper in krystallisirtem Zustande darzustellen.

Neben dem Farbstoff und den anorganischen Bestandtheilen fand Hoppe-Seyler in den rothen Blutkörperchen Lecithin und Cholesterin. Anfangs war man geneigt, den phosphorhaltigen Körper, der aus den rothen Blutkörperchen durch Aether-Extraction erhalten werden kann, als Protagon anzusehen; allein Hoppe-Seyler zeigte, dass der Phosphorgehalt dieses Extracts viel höher war, als der Berechnung

---

[1]) Med.-chem. Unters., 1865, S. 65.

[2]) Med.-chem. Unters., 1864, S. 835.

[3]) Zeitschr., Bd. 1, S. 397.

für das Protagon entsprach und sein Schüler Manasse erwies später die völlige Identität mit dem Lecithin.

Bei den grundlegenden Entdeckungen Hoppe-Seyler's auf dem Gebiete der Chemie des Blutes war es selbstverständlich, dass auch die Kenntniss der quantitativen Zusammensetzung dieses Gewebes und die Methoden der Blutuntersuchung durch ihn eine wesentliche Förderung erfuhren. Ihm und zum Theil auch dem Dorpater Chemiker Carl Schmidt gebührt das Verdienst, dies Gewebe, welches beim Stoffaustausch der Organe die wichtigste Rolle spielt und Sitz bedeutungsvoller pathologischer Vorgänge ist, der Analyse zugänglich gemacht zu haben. Nicht nur die Trennung der Formbestandtheile von dem Plasma, die Bestimmung des Fibrins, die Analyse der anorganischen Stoffe des Serums, sondern vor Allem die weitere Zerlegung der rothen Blutkörperchen ist durch seine Methoden ermöglicht worden. Die Ausbildung des von ihm erdachten colorimetrischen Verfahrens zur Bestimmung des Blutfarbstoffs hat ihn bis zuletzt beschäftigt. Dadurch, dass er die beiden Glaskästchen mit den zu vergleichenden Blut-Lösungen nahe an einander rückte[1]), oder ihre Bilder mit Hülfe des Albrecht'schen Glaswürfels vereinigte[2]), gelang es ihm, seine Methode zu einem hohen Grade von Vollkommenheit zu bringen.

Eine grosse Zahl von Blutanalysen sind aus Hoppe-Seyler's Laboratorium hervorgegangen und grösstentheils von ihm selbst ausgeführt. Die erste findet sich im Jahre 1857[3]), die letzte im Jahre 1891[4]) in der Litteratur verzeichnet.

Mit dem regsten Interesse verfolgte er die Lehre vom Stoffwechsel; er betheiligte sich lebhaft an der Discussion dieser Fragen, indem er Voit's Anschauungen einer Kritik unterzog. Zugleich suchte er auch die Mittel zur Bearbeitung der Stoffwechselfragen zu vervollkommnen. Er fasste den Plan, einen Apparat zu construiren, welcher für die Unter-

---

[1]) Zeitschr., Bd. 16, S. 505; Handbuch, S. 413.

[2]) Handbuch, S. 415.

[3]) Virch. Arch., Bd. 12, S. 483.

[4]) Zeitschr., Bd. 15, S. 179.

suchung des Gas-Austausches vom Menschen nach dem Princip von Regnault und Reisset ermöglicht. Es ist ihm auch gelungen, die Schwierigkeiten, die sich der Ausführung dieses Unternehmens entgegenstellten, zu überwinden und er hat am Abend seines Lebens diesen Apparat in seinem Institut in Thätigkeit gesehen. Zugleich mit einer Beschreibung desselben wurden die ersten Ergebnisse veröffentlicht, welche seine Schüler Laves und Weintraud bei gesunden und kranken Versuchspersonen mit Hülfe dieses Apparats gewonnen hatten.

Mit Rücksicht auf seine Tiefseeforschungen unternahm Hoppe-Seyler im Verein mit C. Duncan Versuche über die Respiration von Schleien und Forellen, durch welche er feststellte, wie weit der Sauerstoffgehalt des Wassers erniedrigt werden kann, ohne erhebliche Störungen in der Respiration zu bewirken. Im Zusammenhang damit wurde die Diffusion der Gase im Wasser untersucht. Hierbei ergab sich, dass die Luft nur äusserst langsam in das Wasser eindringt, wenn dies Eindringen bei ruhender Flüssigkeit nur durch Diffusion bewirkt wird. Wäre das Eindringen des Sauerstoffs in die Tiefen der Seen und Meere allein auf die Diffusion angewiesen, so könnte hier ein reiches Thierleben nicht existiren.

Ebenso wie die Blutanalysen zeugen auch die Untersuchungen der dem Blute nahestehenden pathologischen Producte, des Eiters, der Transsudate von einer bewunderungswürdigen Gewandtheit in der Behandlung thierischer Gewebe und Gewebsproducte. Manche der beim Blute mit Erfolg angewandten Methoden, z. B. die Senkung der geformten Bestandtheile mit Hülfe von Salzen, liessen sich mit geringen Veränderungen auf den Eiter übertragen. Die bis dahin vorliegenden Analysen hatten sich auf das Gemenge von Eiterkörperchen und Eiterserum bezogen, Hoppe-Seyler gab zuerst eine getrennte Analyse dieser Formbestandtheile und damit eine Vorstellung von der Zusammensetzung einer Zelle.

Die Untersuchung des Eiters stand in nahem Zusammenhang mit den Analysen pathologischer Transsudate und den Versuchen, durch welche er ihre Entstehung aufzuklären suchte. Diese Bestrebungen gehen in die Zeit zurück, da er in Berlin als Arzt am Arbeitshause wirkte und sind zunächst in einer Abhandlung über die Zusammensetzung von Peritonealflüssigkeiten veröffentlicht worden. Er studirte den Einfluss, welchen die Entleerung des Ascites durch drei einander folgende Punctionen auf die Zusammensetzung der Flüssigkeit ausübt und constatirte dabei allmälige Abnahme der festen Bestandtheile, des Eiweisses, des Harnstoffs, Zunahme des Alkoholextracts, Gleichbleiben der löslichen, Abnahme der unlöslichen Salze. Ferner berechnete er den Verlust des Körpers an Eiweiss, und setzte diesen Verlust in Beziehung zu der verminderten Eiweissmenge in dem nach dem Tode untersuchten Blutserum. Dabei berücksichtigte er besonders den Druck, den das Transsudat auf die Pfortader und die anderen Venen des Bauches ausübt und fand, «dass die Grösse des Albumingehalts mit der Dauer des Transsudates steigt, dass die Concentration der in einer gewissen Zeit transsudirten Flüssigkeit mit dem Volumen des ganzen Transsudates wächst». In dieser Abhandlung, die von der grossen Umsicht des jungen selbstständig forschenden Mannes ein beredtes Zeugniss gibt, finden sich ausserdem Bemerkungen über die Ausführung derartiger Analysen, besonders über die Bestimmung des Eiweissgehaltes.

Ausser dem therapeutischen Einfluss der Punction beschäftigte ihn die Vergleichung der Transsudate verschiedener Capillargruppen bei demselben Individuum und die künstliche Erzeugung von Transsudaten aus Blutserum mit Hülfe eines Apparates, welcher erst später in dem Lehrbuch der physiologischen Chemie (S. 50) abgebildet worden ist[1]). Es folgten Untersuchungen über verschiedenartige Flüssigkeiten pathologischen Ursprungs: über den Inhalt von Strumacysten[2]), welcher das später als Methämoglobin erkannte Umwandlungsproduct des Blutfarbstoffs enthielt und die Analyse von Flüssig-

[1]) Virch. Arch., Bd. 9, S. 245.

[2]) Virch. Arch., Bd. 27, S. 392.

keiten, welche in Fällen von Arthritis deformans aus dem Hüftgelenk entleert waren[1]).

Man hat Hoppe-Seyler mehrfach den Vorwurf gemacht, dass er durch sein Bestreben, die physiologische Chemie als selbstständige Wissenschaft hinzustellen, eine Zersplitterung zusammengehöriger Wissensgebiete hervorrufe. Dieser Vorwurf ist ungerechtfertigt. Hoppe-Seyler's Wirken war stets dahin gerichtet, das Zusammengehörige zu verknüpfen und für diejenigen Disciplinen, welche als getrennte behandelt werden, gemeinsame Gesichtspunkte aufzufinden. Für seinen umfassenden Geist waren die Abgrenzungen, wie sie durch die historische Entwicklung der Wissenschaft zwischen den einzelnen Forschungsgebieten gezogen werden, nicht vorhanden. Dies trat besonders deutlich in seinem Verhältniss zur Pathologie zu Tage. Waren doch die von ihm gefundenen Thatsachen und Methoden in gleicher Weise zur Beleuchtung pathologischer wie physiologischer Fragen geeignet.

Die Pathologie verdankt ihm und seinen Schülern noch manche werthvolle Einzel-Untersuchung. Eine solche ist in der Mittheilung «über einen Fall von Aussetzen des Radialpulses während der Inspiration und die Ursachen dieses Phänomens» enthalten. Es handelte sich um starke Pericarditis und Emphysem mit starker Dyspnoe. Hoppe-Seyler findet eine Erklärung für dieses Aussetzen des Pulses in einer Herabsetzung des Blutdrucks in den Gefässen, indem die Verlegung der Bronchien mit zähem Schleim eine gesteigerte Inspiration und somit eine Ansaugung des Blutes in den Thorax bewirkt. Er zeigte dann, dass auch unter normalen Verhältnissen durch eine Inspiration bei verschlossener Glottis eine Abnahme des Drucks in der Radialis und eine Erschlaffung dieser Arterie hervorgerufen werden kann.

In dem gleichen Jahre (1854) publicirte er seine Ansichten und Untersuchungen über die Entstehung des Cholera-Typhoïds, welches er auf die Zurückhaltung von Excretionsproducten des Stoffwechsels zurückführte. Erst viele Jahre

---

[1]) Virch. Arch., Bd. 55, S. 253.

später hat sein Schüler Zalesky im Tübinger Laboratorium diese Ideen durch seine werthvollen Untersuchungen über den urämischen Process weiter entwickelt.

Unter seinen Mittheilungen aus jener Zeit finden sich auch therapeutische Notizen (Anwendung der Benzoësäure bei Morbus Brightii), etwas später erschien die Analyse eines atrophirten Sehnerven, fernerhin Versuche über den Einfluss der künstlichen Abkühlung und Erwärmung auf die Eigentemperatur von Warmblütern und viele Jahre nachher Untersuchungen über die Zusammensetzung des Blutes bei Verbrennung der Haut und über Blut und Harn in einem Falle von melanotischem Sarkom.

Hoppe-Seyler war der Erste, welcher das Auftreten von Gas im Blute bei plötzlicher starker Verminderung des Luftdrucks beobachtete (1857). Hierin erkannte er eine Ursache, welche die Lähmungen und Todesfälle beim plötzlichen Uebergang aus dichter Luft in dünnere hervorruft. Die Erklärung dieser Erscheinungen war also bereits gegeben, als Paul Bert seine bekannten Versuche begann, welche schliesslich zu dem gleichen Ergebniss führten.

Mehrfach sind von Schülern Hoppe-Seyler's Arbeiten pharmakologischen Inhalts veröffentlicht worden. Onsum fand, dass die Lösung der Barytsalze und der Oxalate dadurch giftig wirken, dass unlösliche Verbindungen im Blut entstehen, Zalesky untersuchte das Samandarin, das Gift des gefleckten Salamanders. Von grossem praktischen Interesse sind die Untersuchungen Wassilieff's über die Wirkungen des Calomels im Darmkanal, durch welche dieses früher als Cholagogon bezeichnete Heilmittel als Desinficiens des Darmkanals charakterisirt wird.

Auf den Ergebnissen der Arbeiten Hugo von Mohl's, R. Virchow's, J. von Liebig's weiter bauend, versuchte Hoppe-Seyler die chemische Zusammensetzung und die elementaren Functionen der Zelle zu charakterisiren. Liebig und Mulder hatten auf das allgemeine Vorkommen der Eiweisskörper in den Zellen hingewiesen und man gewöhnte sich allmälig daran, diese als die einzigen oder wenigstens als die einzig wichtigen Bestandtheile der Zellen zu betrachten. Die erste Substanz, die ausser den Eiweisskörpern ausdrücklich als ein charakteristisches Product jugendlicher Zellen bezeichnet wurde, war das von Cl. Bernard entdeckte und in seiner physiologischen Bedeutung klar erkannte Glykogen. Hoppe-Seyler verfolgte die Verbreitung dieses Stoffes in den farblosen Blutkörperchen[1]) und in den Zellen schnell wachsender pathologischer Producte[2]). In weit grösserer Verbreitung als das Glykogen fand Hoppe-Seyler das Lecithin, das Cholesterin[3]) und das saure phosphorsaure Kali[4]). Man hat diesen Substanzen früher nur ein beschränktes Verbreitungsgebiet zugeschrieben. Als Benecke im Jahre 1862 das Cholesterin in den Erbsen und anderen Pflanzen[5]) entdeckte, konnte er sich von dem Gedanken, dass sich eine besondere Beziehung der Galle zu diesen Pflanzentheilen offenbare, nicht losmachen, so fest wurzelte die Idee, dass das Cholesterin zu der Galle gehöre. Erst Hoppe-Seyler sprach im Jahre 1866, gestützt auf seine Untersuchungen verschiedenartiger Pflanzen- und Thierzellen den Gedanken aus, dass diesem Stoffe ebenso wie dem Lecithin eine allgemeine Beziehung zum Leben der Protoplasmen zukomme[6]).

Er wies das Vorkommen des Cholesterins in den Augen der Rosenstöcke, in der Bierhefe, im Peruguano, im Eiter, im Blute nach. In letzterem findet es sich sowohl in den Blutkörperchen, als auch im Serum. Quantitative Bestimmungen von Hoppe-Seyler und später von Drosdoff gaben weitere Aufschlüsse über letzteren Befund[7]). Von seinen Schülern

---

[1]) Med.-chem. Unters., S. 494.

[2]) Pflüg. Arch., Bd. 7, S. 408.

[3]) Med.-chem. Unters., S. 140. Das Lecithin ist hier unter dem Namen «Protagon» aufgeführt.

[4]) Beitr. z. Kenntniss d. Stoffwechsels bei Sauerstoff-Mangel. Festschrift für R. Virchow.

[5]) F. W. Benecke, Studien über das Vorkommen, die Verbreitung und die Function von Gallenbestandtheilen u. s. w. Giessen 1862.

[6]) Med.-chem. Unters., S. 140.

[7]) Zeitschr,, Bd. 1, S. 233.

führte ferner Petrowsky[1]) Bestimmungen des Cholester in in der weissen und grauen Substanz des Gehirns aus, Laptschinsky[2]) ermittelte es im Linsengewebe, Tolmatscheff[3]) erkannte es zuerst als Bestandtheil der Milch, Lindenmeyer[4]) beobachtete, dass in den Erbsen der Cholesteringehalt mit dem Reifungsprocess zunimmt. Später erwies es sich als nothwendig, die allgemeine Verbreitung des Lecithins noch einmal festzustellen. Man hatte, zwar auf Grund völlig unzureichender Untersuchungen, das Auftreten des Lecithins in der Hefe bezweifelt und dieser Einwand bot Hoppe-Seyler die Veranlassung, eine Methode anzugeben, welche den Nachweis geringer Mengen von Lecithin mit Sicherheit ermöglicht[5]).

Die Erkenntniss der physiologischen Bedeutung des Lecithins erhöhte das Bestreben, einen Einblick in die chemische Structur dieses Körpers zu gewinnen. Wer freilich diese gelbe oder bräunliche Substanz von butterartiger Consistenz als Extract thierischer oder pflanzlicher Producte kennen lernte, dem musste der Versuch zur Aufklärung ihrer Constitution als ein sehr kühnes Vorhaben erscheinen. Auf Hoppe-Seyler's Veranlassung nahm Diakonow die Aufgabe in Angriff und löste sie bereits im Jahre 1867. Der erste Schritt zu diesem Erfolg war die Reindarstellung des Lecithins, welches Gobley als ein phosphorhaltiges Oel kennen gelehrt hatte. Diese Reingewinnung gelang auf Grund der von Hoppe-Seyler gefundenen Thatsache, dass eine Verbindung von Eiweiss und Lecithin existirt, welche nicht durch Aether, wohl aber durch warmen Alkohol zersetzt wird. Es ist also möglich, die Fette durch Aether völlig zu entfernen, und das in Verbindung mit Eiweiss zurückbleibende Lecithin mit warmem Alkohol aufzunehmen. Hoppe-Seyler hatte das Lecithin nach diesem Verfahren zuerst rein und in krystallisirtem Zu-

---

1) Pflüg. Arch., Bd. 7, S. 367.
2) Pflüg. Arch., Bd. 13, S. 631.
3) Med.-chem. Unters., S. 272.
4) Z. f. pr. Ch., 90, S. 321.
5) Diese Zeitschr., Bd. 3, S. 374.

stand dargestellt. Der wichtigste Befund Diakonow's war die Auffindung des bisher von Niemand vermutheten Zusammenhanges zwischen dem Cholin[1]) und dem Lecithin.

Diakonow stellte nun ausser dem Cholin noch die höheren Fettsäuren und das Glycerin — welche letzteren schon Gobley aus seinem phosphorhaltigen Oel erhalten hatte —, als Zersetzungsproducte des reinen Lecithins fest. Somit waren alle Bruchstücke, in welche das grosse Molekül des Lecithins zerfällt, gegeben und Diakonow konnte im ersten Hefte des im Jahre 1868 erschienenen Centralblatts für die medicinischen Wissenschaften die Constitutionsformel des Lecithins angeben. Es blieb nur noch die Discussion nebensächlicher Fragen übrig. Solche wurden denn auch in der Arbeit von Strecker[2]) (1868), die im Wesentlichen eine Bestätigung der Befunde Diakonow's brachte, erörtert. Es entspann sich eine Discussion darüber, ob mehrere Lecithine existiren, die durch die Natur der in ihnen enthaltenen fetten Säuren unterschieden sind und ob das Neurin (bezw. Cholin) in salzartiger Bindung im Lecithin vorhanden sei[3]). Eine Reihe von Versuchen, welche Gilson 20 Jahre später unter Hoppe-Seyler's Leitung anstellte, führte zur Annahme der letzteren, von Strecker befürworteten Anschauung[4]).

Kaum ein Jahr später begann Miescher auf Hoppe-Seyler's Veranlassung im Schlosslaboratorium zu Tübingen die Untersuchung der Eiterzellen, welche zur Entdeckung des Nucleïns führten[5]). Die mikroskopischen Reactionen der Kernsubstanz, insbesondere ihr Verhalten zu Essigsäure, mussten zu dem Schluss führen, dass in den Zellkernen besondere, vom Protoplasmaleibe chemisch verschiedene Stoffe vorhanden seien, aber die Isolirung derselben bot ganz ausserordentliche Schwierigkeiten. Alle Hindernisse, die sich der chemischen

---

[1]) Damals vielfach als Neurin bezeichnet.

[2]) Zeitschr. für Chemie, 1868, S. 437. Ann. d. Chem. u. Pharm., 148, S. 77.

[3]) Med.-chem. Unters., S. 405.

[4]) Zeitschr., Bd. 12, S. 585.

[5]) Med.-chem. Unters., S. 441.

Erforschung thierischer Organe entgegenstellen, traten hier in verdoppeltem Masse auf. Ueberall schleimige Niederschläge, unfiltrirbare Lösungen, leicht zersetzliche Stoffe! Unter der Führung Hoppe-Seyler's gelang es Miescher, dieser Schwierigkeiten Herr zu werden. Der Eiter, aus welchem die Keime dargestellt werden sollten, musste mühsam aus Verbänden (deren Eitergehalt damals noch eine normale Erscheinung war) durch Auswaschen gewonnen werden. Zunächst durch mechanische Behandlung der mit Salzsäure digerirten Eiterzellen, später auf Grund der Widerstandsfähigkeit gegen Pepsinsalzsäure isolirte Miescher die Kernsubstanz und erkannte sie als einen stark phosphorhaltigen Stoff von sauren Eigenschaften. Hierdurch war die Grundlage zu weiteren Untersuchungen gegeben, welche zum Theil von Miescher, zum Theil von Hoppe-Seyler und seinen Schülern fortgesetzt wurden. Plosz fand das Nucleïn in den Kernen der Vogel- und Schlangenblutkörperchen[1]). Lubavin entdeckte eine ähnliche Substanz (den später Paranucleïn genannten Stoff) unter den Verdauungsproducten des Caseïns[2]), und Miescher im Dotter des Hühnereies[3]). Hoppe-Seyler stellte das Nucleïn zugleich auch aus Hefezellen dar[4]). Diese Untersuchungen sind später von dem einen von uns fortgesetzt worden. Hiebei wurden die Basen der Harnsäuregruppe (Alloxurbasen) als Zersetzungsproducte des Nucleïns festgestetlt.

Die erwähnten grundlegenden Untersuchungen über die Zusammensetzung der Zellen stehen zum Theil in engem Zusammenhang mit den wichtigen und zahlreichen Beobachtungen über die Eiweisskörper. Diese sind in den Abhandlungen über die Bestandtheile von Geweben und Secreten unter normalen und pathologischen Verhältnissen enthalten und in dem «Handbuch der physiologisch und pathologisch chemischen Analyse», zum Theil auch in dem «Lehrbuch der physiologischen Chemie» zusammengefasst. Die Beobachtungen über die Blutfarbstoffe,

---

1) Med.-chem. Unters., S. 461.
2) Med.-chem. Unters., S. 463.
3) Med.-chem. Unters., S. 502.
4) Med.-chem. Unters., S. 500.

über Vitellin, Ichthin und Nucleïn führten Hoppe-Seyler zu dem wichtigen Schluss, dass die Eiweisskörper häufig noch als Bestandtheile complicirterer Verbindungen auftreten. Es ergibt sich somit die Nothwendigkeit, eine besondere Gruppe von Körpern abzugrenzen, als solche, die bei ihrer Spaltung neben verschiedenen anderen Körpern Eiweissstoffe liefern[1]). In seinem Handbuch führt er für diese Gruppe den Namen «Proteïde» ein. Diese Erkenntniss bedeutet einen sehr wichtigen Fortschritt auf dem Gebiet der Eiweiss-Chemie.

Die Beobachtungen über die Verbreitung des Lecithins, des Cholesterins, des Nucleïns hatten die Gleichartigkeit in der chemischen Zusammensetzung der Thier- und Pflanzenzelle enthüllt. In demselben Sinn müssen auch Hoppe-Seyler's Untersuchungen über das Vorkommen globulinartiger Stoffe im Pflanzenreich aufgefasst werden. Man hatte diese Substanzen bisher nur als Product thierischer Zellen kennen gelernt. Hoppe-Seyler, dessen Streben stets auf die Verallgemeinerung der im Einzelnen gewonnenen Erfahrung gerichtet war, wurde durch die Aehnlichkeit zwischen den Dotterplättchen und gewissen Aleuronkrystallen zur Auffindung der Globuline im Pflanzenreich geführt. Unter seiner Leitung entstanden die Untersuchungen von Aug. Schmidt[2]) und Th. Weyl[3]), in denen die Analogie zwischen thierischen und pflanzlichen Eiweisskörpern weiterhin dargethan wurde.

An diese Untersuchungen über die Bestandtheile der Zellen schlossen sich quantitative Analysen verschiedenartiger Zellen an[4]).

Die ersten von Hoppe-Seyler publicirten Untersuchungen waren der Chemie des Knorpels gewidmet[5]). Virchow hatte die Knochenkörperchen entdeckt[6]), welche

---

[1]) Med.-chem. Unters., S. 220.

[2]) Aug. Schmidt. Ueber Emulsin und Legumin. I.-D., Tübingen 1871.

[3]) Pflüg. Arch., Bd. 12, S. 637.

[4]) Med.-chem. Unters., S. 408 und 486.

[5]) De cartilaginis structura et chondrino, I.-D., Berlin 1850.

[6]) Virch. Arch., Bd. 5, S. 170.

nach dem von ihm und Donders angegebenen Verfahren durch Salzsäure und Kalilauge isolirt werden. Hoppe-Seyler behandelte die durch Salzsäure entkalkten und mit Wasser sorgfältig ausgewaschenen Knochen mit Wasser im Papin'schen Topf bei 3—4 Athmosphären Druck und fand, dass hier die Knochenkörperchen mit ihren charakteristischen Ausläufern isolirt zurückbleiben, während das leimgebende Gewebe in Lösung geht. Hieraus ergab sich, dass «die Knochenkörperchen und deren canaliculi nicht einfache Aushöhlungen des Knochens darstellen, sondern von einer Membran umgeben sind», die sich vom leimgebenden Gewebe in chemischer Hinsicht unterscheidet. Noch heute ist die Frage nach der Natur dieser Membran ungelöst.

Aehnliche Ergebnisse erhielt Hoppe-Seyler bei der Untersuchung des Zahnbeins und alle diese Thatsachen fielen gegenüber der von Kölliker über die Genesis dieser Gebilde aufgestellten Ansichten ins Gewicht.

Diesen Arbeiten über die organischen Bestandtheile des Knorpels, der Knochen und Zähne folgten eine Reihe von Analysen, die sich auf die Natur der in ihnen enthaltenen anorganischen Salze, auf ihr Verhältniss zu den organischen Stoffen, auf die Entwicklung des Knochengewebes und ähnliche Fragen bezogen. An die Arbeiten v. Recklinghausen's und Zalesky's über die Zusammensetzung der Knochensubstanz schliesst sich die Untersuchung Hoppe-Seyler's über den Zahnschmelz an. Die letztere Abhandlung offenbart besonders deutlich die Mannigfaltigkeit seiner Kenntnisse und seinen grossartigen Ueberblick über weite Wissensgebiete. Durch eine grosse Zahl sorgfältiger Analysen stellte er eine Analogie fest zwischen den Schmelzprismen und dem Apatit. Phosphorsäure und Calcium befinden sich bei beiden annähernd in dem gleichen Verhältniss ($10\,Ca : 3\,P_2O_5$), auch besitzt der Schmelz ziemlich genau die Härte des Apatits. Hoppe-Seyler dehnte die Beobachtungen auf die optischen Verhältnisse der Schmelzprismen aus, deren Doppelbrechung er zuerst genau untersuchte. Er unterwarf den Schmelz in verschiedenen Altersstufen der Analyse, er zog die Zähne fossiler Thiere, die er von Quenstedt erhalten hatte, in das Bereich seiner Arbeiten und fand überall die gleichen chemischen Verhältnisse.

Im Jahre 1876 machte Ledderhose in Hoppe-Seyler's Laboratorium eine äusserst werthvolle Entdeckung, er fand das Glykosamin als Spaltungsproduct des Chitins. Wenn man die entkalkten Krebs- oder Hummerpanzer mit concentrirter Salzsäure eindampft, so scheiden sich krystallinische Krusten der salzsauren Verbindung ab. Die von Ledderhose gefundene Substanz, lange Zeit das einzige bekannte Amidoderivat der Kohlehydrate, war nicht nur von physiologischem, sondern auch von hervorragendem chemischen Interesse. Sie ist später durch die schönen Arbeiten Tiemann's weiter aufgeklärt worden.

Sundwik hatte, auf die Arbeiten Ledderhose's bauend, weitere Beiträge zur Constitution des Chitins geliefert, aber erst durch eine in letzter Zeit von Hoppe-Seyler gefundene Reaction ist diese Frage ihrer Lösung nahe gebracht. Hoppe-Seyler unterwarf das Chitin der Einwirkung schmelzenden Kalis bei 184° und bewirkte eine Zerlegung des Chitins, bei welcher sich Essigsäure abspaltete und ein in verdünnten Säuren löslicher Körper entsteht, der ein krystallisirtes Chlorhydrat liefert, das «Chitosan». Durch die Einwirkung von Essigsäureanhydrid auf Chitosan kann Chitin regenerirt werden, ebenso werden durch Propionsäureanhydrid homologe Stoffe gebildet.

Dies war die letzte bedeutsame Entdeckung Hoppe-Seyler's.

Eine der ersten grösseren Arbeiten, welche Hoppe-Seyler im Laboratorium des pathologischen Institutes in Berlin ausführte, bezog sich auf die Untersuchung der Milch und ihre Veränderung beim Sauerwerden.

Allgemein anerkannte Methoden der Milchanalyse existirten damals so gut wie gar nicht. «Fast jeder Autor, der mit der Milchuntersuchung sich beschäftigte, bediente sich seiner eigenen Methoden. Die meisten dieser Methoden waren nicht sehr genau». Mit diesen Worten charakterisirte Lehmann den Zustand, in welchem um die Mitte der 50er Jahre die Frage der Milchanalyse sich befand.

Die von Hoppe-Seyler ausgebildeten Methoden der Untersuchung der Milch gewannen bald eine grundlegende Bedeutung für die Gewichtsanalyse der Milch. Mehrere derselben — die gleichzeitige Ermittelung von Caseïn, Albumin, Fett und Milchzucker sind noch im Gebrauch. Für die Bestimmung des Fettgehaltes sind in neuerer Zeit sehr einfache Methoden geschaffen worden, unter welchen das Verfahren von Soxhlet an der Spitze steht. Zur Controle dieser Methoden leistet die Bestimmung des Fettes nach Hoppe-Seyler noch immer wichtige Dienste.

Auch an der Ausbildung der von Vogel begründeten optischen Methode der Milchprüfung (Ermittelung der Durchsichtigkeit der Milch), welche lange Zeit allgemein gebraucht wurden, hat Hoppe-Seyler sich betheiligt. Jetzt sind diese Untersuchungsmethoden, die principiell zu beanstanden sind, nachdem sie durch bessere ersetzt wurden, in wissenschaftlichen Laboratorien kaum mehr in Anwendung.

Die erste Publication Hoppe-Seyler's über die Milch bezieht sich auf Ermittelung der Eigenschaften des Caseïns und des Albumins und ihre relativen Mengen, die Bedingungen der Milchgerinnung und den Gasgehalt der Milch. Später ist er wiederholt auf die Methoden der Milchanalyse zurückgekommen. Ueber die Zusammensetzung der Frauenmilch und das in ihr enthaltene Caseïn hat Makris bei ihm Versuche angestellt (Inaugural-Dissertation, Strassburg 1876), wobei namentlich Unterschiede des menschlichen und des Kuh-Caseïns festgestellt wurden. Tolmatscheff und Nast analysirten Frauenmilch und die Milch verschiedener Thiere (Med.-chem. Unters., S. 272 und 278). Ersterer bestimmte zuerst den Gehalt an Cholesterin und Lecithin. Lubavin untersuchte die Verdauung des Caseïns und entdeckte den Gehalt der Milch an Nucleïn (Med.-chem. Unters., S. 463).

Eine grössere Zahl wichtiger Beobachtungen über die Bestandtheile der Galle sind Hoppe-Seyler zu verdanken. Er zeigte und bestimmte zuerst die optische Activität der Gallensäuren und des Cholestearins (Virchow's Arch., Bd. 15, S. 126). Ausgedehnte Untersuchungen über das Drehungsvermögen der Gallensäuren und ihrer Verbindungen, von welchen er zu diesem besonderen Zwecke zuerst die Ester dargestellt hat, führten ihn damals zu bemerkenswerthen Schlussfolgerungen über den Zusammenhang des optischen Verhaltens und der chemischen Constitution organischer Stoffe. Er stellte zuerst den Satz auf, dass die activen Substanzen ein oder mehrere Radicale enthalten, durch welche die Activität bedingt sei. Diese Radicale können in den Derivaten entweder unverändert erhalten bleiben, oder in neue, ebenfalls active Gruppen umgesetzt werden, oder sie können ganz zerstört werden; in letzterem Falle verschwindet die optische Activität. Jene von Hoppe-Seyler angenommenen Radicale haben bekanntlich später durch die Theorie des asymmetrischen Kohlenstoffatoms von Le Bel und van t'Hoff erst eine nähere Präcisirung erfahren.

Das Drehungsvermögen der Gallensäuren verwerthete Hoppe-Seyler später zur quantitativen Bestimmung der Glycochol- und Taurocholsäure, indem er die Menge der letzteren aus ihrem Schwefelgehalt ermittelte und den Gehalt an Glycocholsäure aus der beobachteten Drehung berechnete. Sein Schüler Parke hat die im reinen Zustande damals noch nicht bekannte Taurocholsäure krystallisirt erhalten.

Unter dem Namen Choloidinsäure ist früher sehr häufig ein Körper beschrieben worden, welcher aus der Cholsäure beim Kochen mit Säuren entsteht, und auch im Darminhalt sich finden soll. Hoppe-Seyler zeigte, dass diese Säure nur ein Gemenge von Cholalsäure und Dyslysin ist, indem er die erstere aus der angeblichen Choloidinsäure rein darstellte. Bei einer Untersuchung über die Schicksale der Galle im Darmkanal fand er, in Uebereinstimmung mit Lehmann, dass der Hundekoth Cholalsäure enthält, und dass neben der Cholalsäure in den Excrementen der Rinder Glycocholsäure sich findet. Eine nicht genauer definirte Gallensäure wies er im Peruguano nach. Die von Göbel entdeckte Lithofellinsäure, welche in den orientalischen Bezoaren enthalten ist, erkannte er als eine der Cholalsäure analoge Substanz. Ferner beschrieb er eine sehr zuverlässige und viel benutzte Methode, um die Gegenwart von Gallensäuren im Harn zu entdecken.

Seine Untersuchungen über die Verbreitung des Cholestearins in der Thier- und Pflanzenwelt sind schon früher erwähnt worden. Seine Methode zur quantitativen Bestimmung des Cholestearins und dessen Trennung von Fetten und Lecithin ist in den allgemeinen Gebrauch übergegangen.

Die Chemie des Harns ist durch Hoppe-Seyler und die in seinem Laboratorium ausgeführten Arbeiten in vielen Richtungen bereichert worden.

Nachdem Schunk die interessante Beobachtung gemacht hatte, dass der menschliche Harn nicht selten eine Substanz enthält, welche, ähnlich dem Indican der Pflanzen, bei der Spaltung Indigo liefert, fand Hoppe-Seyler (1863), dass dieser Körper ein normaler Bestandtheil des menschlichen Harns ist, und wies ihn im Harn vieler Thiere nach, wobei er eines verbesserten Verfahrens sich bediente. Er zeigte, dass das Harnindican beständiger als das pflanzliche Indican ist und sprach sich zuerst gegen die Indentität beider Körper aus. Während das reichlichere Vorkommen des Indicans im Pflanzenfresserharn auf seine Abstammung aus Bestandtheilen der pflanzlichen Nahrung hinzuweisen schien, constatirte Hoppe-Seyler, dass dieser Körper auch nach lange fortgesetzter Fleischkost im Harn von Hunden in merklicher Menge sich findet. Diese Thatsache ist damals nicht weiter verfolgt worden. Die Abstammung des Harnindicans aus dem bei der Eiweissfäulniss gebildeten Indol ist später durch die schönen Versuche von Jaffé (1872) nachgewiesen und aufgeklärt worden. Die Entdeckung von Städeler, dass bei der Destillation des angesäuerten Harns neben anderen Stoffen Phenol in das Destillat übergeht, gab Veranlassung zu einer Reihe von Untersuchungen, welche auf Anregung Hoppe-Seyler's entstanden sind. Buliginsky zeigte zunächst, dass das Phenol im Harn, nicht wie Städeler angenommen hat, als solches enthalten sei, sondern dass es erst durch die Behandlung mit Säuren mit einer noch unbekannten Substanz abgespalten werde. Manche Beobachtungen, besonders das reichliche Vorkommen desselben im Pflanzenfresserharn (Buliginsky, Munk[1]), schienen dafür zu sprechen, dass das Phenol des Harns aus bestimmten Stoffen der Pflanzennahrung stamme. Spätere Untersuchungen lehrten, dass dies nicht der Fall ist, sondern dass das Phenol und sein Begleiter, das p-Kresol, ausschliesslich aus der Fäulniss der Eiweisskörper, welche im Darm der Pflanzenfresser in der Regel mit grösserer Intensität als beim Fleischfresser verläuft, gebildet werden. Die erste Beobachtung, welche auf diese früher nicht vermuthete Art der Abstammung der «phenolbildenden Substanz» hinwies, ergab sich, als Hunde auch nach lange fortgesetzter ausschliesslicher Fütterung mit Fleisch die genannte Substanz ausschieden[2]).

Fäulnissversuche mit Eiweiss lieferten den Beweis, dass zwei Phenole, das Phenol und das p-Kresol, welche aus dem primär gebildeten Tyrosin hervorgehen, constante Producte dieser Art der Zerlegung der Eiweisskörper sind.

Ueber das Vorkommen von Phenol im Organismus und seine Einwirkung auf Blut und Nerven hat Hoppe-Seyler selbst Versuche angestellt, wobei er die Vertheilung des vom Körper aufgenommenen Phenols in den Organen verfolgte und die wichtige Thatsache constatirte, dass das Phenol ausserordentlich schnell von der Haut aus resorbirt wird.

Um die Natur der im Harn auftretenden Indigo und Phenol bildenden Substanzen weiter aufzuklären, hat Hoppe-Seyler wiederholt Versuche angestellt, deren Ergebnisse zum Theil in neuen Auflagen seines Handbuches der Analyse veröffentlicht wurden (z. B. 4. Aufl., S. 191 ff.). In jener Zeit betraute er den Einen von uns mit der Fortsetzung dieser Arbeiten, welche weiterhin zur Entdeckung der Aetherschwefel-

---

[1]) Pflüger's Arch., Bd. 12, S. 142.

[2]) Pflüger's Arch., Bd. 12, S. 67.

säuren der Phenole geführt haben. Die Erforschung der Bedingungen, unter welchen die letzteren im Organismus entstehen, erforderte eine grosse Zahl von Stoffwechselversuchen, von welchen viele im Laboratorium Hoppe-Seyler's ausgeführt worden sind.

Ergebnissreich waren ferner die in Hoppe-Seyler's Laboratorium begonnenen Arbeiten von Musculus und v. Mering über das Stoffwechselproduct, welches aus dem Chloralhydrat im Organismus gebildet wird, die Urochloralsäure, ferner die Beobachtungen über die gepaarten Glykuronsäuren, welche nach Verfütterung von Phenetol gebildet werden, und die analog zusammengesetzten Substanzen, welche aus tertiären Alkoholen (v. Mering und Thierfelder) im Stoffwechsel entstehen. Im Anschluss an diese Untersuchungen entstanden die Arbeiten Thierfelder's über die Constitution der von Schmiedeberg zuerst isolirten Glykuronsäure, von welcher er eine Reihe wichtiger Abkömmlinge darstellte.

Zu der in jener Zeit viel erörterten Frage nach der Abstammung der Hippursäure, welche im Harn ausgeschieden wird, hat sein späterer College in Strassburg, der bekannte Chirurg Lücke, auf Anregung Hoppe-Seyler's einen experimentellen Beitrag (1860) geliefert, indem er zeigte, dass nach dem Genuss von manchen Früchten die Ausscheidung der Hippursäure vermehrt wird.

Ferner sind hier die Untersuchungen Hoppe-Seyler's über den Harn von Pseudopus, den Nachweis von Guanin im Harn vom Fischreiher, seine Analysen von Harnconcrementen zu nennen. Das Vorkommen der Gallensäuren im Harn und ihr Nachweis hat ihn wiederholt beschäftigt.

Ueber das Auftreten von Gallenfarbstoff im Harn liegen mehrere Arbeiten Hoppe-Seyler's vor. Seine Entstehung aus dem Blutfarbstoff, welche während des Lebens unter verschiedenen Bedingungen erfolgt, lehrten die Versuche von Kühne, M. Hermann und Tarchanoff näher kennen, welche in seinem Laboratorium in Berlin bezw. in Strassburg ausgeführt worden sind. Hieran schliessen sich Beobachtungen Hoppe-Seyler's über die Ausscheidung des Urobilins an, ferner solche über den Farbstoff des Harns bei melanotischem Carcinom.

In einer seiner frühesten Publicationen (1856) beschrieb Hoppe-Seyler ein Verfahren, um den Eiweissgehalt im Harn durch die Cirumpolarisation zu bestimmen, das bei genügender Durchsichtigkeit des Harns, und falls die Eiweissmengen nicht zu gering sind, gute Werthe liefert. Da diese Bedingungen in der Praxis nicht oft gleichzeitig erfüllt werden, ist diese Methode in ihrer Anwendung beschränkt geblieben.

Von hervorragender und in manchen Richtungen grundlegender Bedeutung sind Hoppe-Seyler's Arbeiten über die Gährungsprocesse. Schon seine ersten Publicationen enthalten einzelne hierauf bezügliche Beobachtungen, welche an seine Untersuchungen über das Sauerwerden der Milch anknüpfen. In umfassender Weise hat er Arbeiten auf diesem Gebiete seit 1870 in Angriff genommen. Um einen Einblick in den chemischen Vorgang der Gährungsprocesse zu gewinnen, hielt er es für erforderlich, im Gegensatze zu Pasteur, die Fermente und ihre Processe von dem Leben und dem Wachsthum der Organismen, in welchen sie gebildet sind, zu trennen. Er widersprach einer principiellen Unterscheidung der Wirkung löslicher Fermente (Enzyme) von derjenigen der «Ferment-Organismen» und hielt an einer einheitlichen Betrachtung aller Gährungen fest. Sein Hauptaugenmerk war auf die Frage nach den Producten der Gährung, der Beziehung der Producte zu den Substanzen, aus welchen sie gebildet werden, und die Ergründung der chemischen Processe, welche bei den Gährungen stattfinden, gerichtet.

Das Verständniss dieser Processe förderte er einerseits dadurch, dass er die Gährungserreger auf organische Verbindungen von bekannter Constitution und einfachster Zusammensetzung einwirken liess (Ameisensäure, Essigsäure, Glycolsäure, Glycerinsäure, Weinsäure, Leucinsäure[1]), Asparaginsäure etc.), andererseits dadurch, dass er den chemischen Vorgang bei

[1]) Stolnikoff, diese Zeitschrift, Bd. 1, S. 345.

den Gährungen mit den auf anderem Wege erreichbaren ähnlichen Effecten verglich.

Er gründete eine Eintheilung der Gährungsprocesse darauf, dass bei einigen ein einfacher Zerfall unter Wasseraufnahme, wie bei der Verseifung, bei anderen eine Atomumlagerung unter Wanderung des Sauerstoffs stattfindet. Dabei erfolgt in der Regel auch ein Zerfall des Molecüls. Durch Condensationen von Spaltungsproducten können aber auch Körper gebildet werden, welche kohlenstoffreicher sind, als die vergährbare Substanz (Synthesen bei Gährungen).

Ein besonderes Interesse widmete Hoppe-Seyler den Gährungs- bezw. Fäulnissprocessen, bei welchen ausser Kohlensäure noch andere Gase entwickelt werden. Paschutin (1873) ermittelte auf seine Anregung die Verhältnisse der Kohlensäure und Wasserstoff-Production bei der Buttersäuregährung, Popoff (1875) untersuchte in gleicher Weise die Gase, welche bei der Sumpfgasgährung entwickelt werden. Hoppe-Seyler selbst fand, dass die Ameisensäure (in Form von Salzen) durch gewisse Spaltpilze glatt in Wasserstoff und Kohlensäure gespalten wird. Unter den gleichen Bedingungen zerfällt die Essigsäure, wenn auch etwas langsamer als die Ameisensäure, in Sumpfgas und Kohlensäure, während kohlenstoffreichere Säuren, wie die Buttersäure, diese Spaltung nicht mehr erleiden. Dieses Verhalten steht ganz im Einklange mit den hier in Betracht kommenden thermochemischen Verhältnissen.

Dass mit oder neben den Gährungs- und Fäulnissprocessen kräftige Oxydationen und Reductionen einhergehen, ist seit lange bekannt. Hoppe-Seyler hat diese Vorgänge und ihre Ursachen genauer untersucht und bis zu einem gewissen Grade aufgeklärt. Er ging dabei von der Beobachtung aus, dass bei solchen Fermentationen, welche Wasserstoff entwickeln, die Wasserstoffentwickelung aufhört oder stark vermindert wird, wenn der Sauerstoff Zutritt hat. Da die Fermentwirkung dabei nicht geändert wird, schloss er, dass der Wasserstoff in statu nascendi die Eigenschaft besitzen müsse, den Sauerstoff zu activiren, indem die Molecüle des Sauerstoffs gesprengt werden. Durch eine Reihe von lehrreichen Experimenten constatirte er, dass der Wasserstoff in statu nascendi in der That bei Luftzutritt kräftige Oxydation (neben der Reduction) veranlassen kann. Bringt man ein mit Wasserstoffgas beladenes Palladiumblech in eine Indigolösung, so tritt an der Oberfläche, wo der Sauerstoff der Luft Zugang hat, Oxydation zu Isatin ein, während in den unteren Schichten lediglich Reduction zu Indigoweiss erfolgt. Benzol wird unter gleichen Bedingungen zu Phenol, Ammoniak zu salpetriger Säure oxydirt, aus Jodkalium wird Jod abgeschieden. Wie der Wasserstoff kann auch metallisches Natrium den Sauerstoff activiren. Hoppe-Seyler zeigte, dass die braune Schicht, welche die unter Petroleum aufbewahrten Natriumstücke überzieht, aus den Natriumsalzen von Fettsäuren besteht, welche durch Oxydation der Kohlenwasserstoffe des Petroleums gebildet werden.

In faulenden Flüssigkeiten finden die Oxydationsprocesse nur an der Oberfläche statt, so weit als der Sauerstoff der Luft, welcher bei der Fäulniss schnell verzehrt wird, in solche Flüssigkeiten einzudringen vermag.

In gleicher Weise ist das Eindringen des Sauerstoffs der Luft in den Boden von den in ihm stattfindenden Gährungsprocessen abhängig. Der Verlauf der Fäulniss- und Verwesungsprocesse an der Erdoberfläche wird daher wesentlich beeinflusst durch den Zutritt oder die Absperrung des Sauerstoffs. Bei verschiedenen Gelegenheiten erörterte er die Bedeutung dieser Verhältnisse für wichtige hygienische Fragen, wie die Entwickelung pathogener Spaltpilze in den oberen Erdschichten, die zweckmässige Anlage von Friedhöfen u. a.

Da die in den Organismen verlaufenden Oxydationen in vielen Beziehungen mit den Oxydationen, welche bei den Gährungsprocessen beobachtet werden, übereinstimmen, schloss Hoppe-Seyler, dass in beiden Fällen die Activirung des Sauerstoffs durch dieselben oder ganz ähnliche Ursachen bedingt wird.

Der Erklärung Hoppe-Seyler's, dass bei diesen Oxydationen die Activirung des Sauerstoffs dadurch bewirkt werde, dass Sauerstoffmolecüle gespalten werden und Sauerstoffatome (in statu nascendi) zur Wirkung gelangen, trat bald

M. Traube entgegen. Dieser glaubte die von Hoppe-Seyler beobachteten Erscheinungen, zum Theil gestützt auf eigene Versuche, richtiger zu interpretiren, indem er die Hypothese aufstellte, dass es in vielen dieser Fälle sich um eine primäre Bildung von Wasserstoffsuperoxyd handle, welches aus Sauerstoffmolecülen durch Anlagerung von Wasserstoffatomen gebildet werde, und bei Gegenwart gewisser Stoffe so wie activer Sauerstoff zu wirken im Stande sei.

Hoppe-Seyler ist den wiederholten Angriffen Traube's, auf deren Schwächen er hinwies, klar und entschieden begegnet, und hat an der ursprünglich von ihm gegebenen Erklärung festgehalten, für welche ausserdem, ausgehend von neuen Beobachtungen, Richarz ebenso wie der eine von uns, eingetreten sind.

Ueber einzelne Gährungsprocesse, z. B. die alkoholische Gährung finden sich gelegentliche Betrachtungen und Versuche in verschiedenen Abhandlungen Hoppe-Seyler's. Mit der Ermittelung der Bestandtheile der Bierhefe hat er sich wiederholt beschäftigt. Er isolirte aus ihr das invertirende Ferment, und bestimmte u. A. den Gehalt an Cholesterin, Lecithin und Nuclein.

Die Vergleichung gewisser Gährungsvorgänge mit der Wirkung der Alkalien auf die vergährbaren Stoffe führte Hoppe-Seyler zu der Entdeckung, dass aus Zuckerarten und aus Milchsäure durch Einwirkung von Alkalien unter anderen dieselben Producte gebildet werden, welche aus ihnen bei Spaltpilzgährungen entstehen. Er zeigte zunächst, dass manche Zuckerarten schon beim gelinden Erwärmen mit Alkalien neben Ameisensäure, Brenzcatechin und gefärbten Producten reichliche Mengen von Milchsäure liefern, und dass aus milchsauren Salzen beim Erhitzen mit Natronkalk Buttersäure neben Essigsäure und kohlenstoffreicheren normalen Fettsäuren gebildet wird. Herter[1]), welcher diese Beobachtungen fortsetzte, fand ferner, dass auch aus dem Glycerin beim Schmelzen mit Aetzkali neben Wasserstoff Milchsäure entsteht, welche bei

[1]) Ber. d. D. ch. Ges., Bd. 11, S. 1167.

weiterer Einwirkung des Aetzkalis in Buttersäure und andere Fettsäuren übergeht.

Sehr eingehend hat Hoppe-Seyler die Cellulosegährung untersucht. Dass aus stagnirenden Wässern und aus jedem mit Wasser durchtränkten Boden während des Sommers Gase entwickelt werden, die öfter analysirt wurden, war schon früher bekannt. Mitscherlich hatte auch schon die Beobachtung gemacht, dass die Cellulose durch einen fermentativen Process gelöst wird. Die Art und Weise der Vergährung der Cellulose und die dabei gebildeten Producte sind erst durch die Arbeiten Hoppe-Seyler's genauer ermittelt worden.

Er zeigte, dass Spaltpilze, welche im Flussschlamm sich finden (Amylobacter van Tighem's), die Cellulose in Sumpfgas und Kohlensäure verwandeln. Von beiden Gasen werden annähernd gleiche Volumina gebildet, wobei zu beachten ist, dass ein Theil der gebildeten Kohlensäure durch Bildung von Carbonaten und gelöst zurückgehalten wird. Die Sumpfgasentwickelung wird sehr viel geringer, wenn Sauerstoff zugegen ist, oder wenn Stoffe, welche Sauerstoff abtreten können, wie Eisenoxyd, Manganoxyd oder Sulfate zugegen sind. Mit Hilfe eines für diesen Zweck construirten Apparates konnte Hoppe-Seyler auf's genaueste feststellen, dass die entwickelten Gase keine Spur von freiem Wasserstoff enthalten.

Die Cellulosegährung findet in nicht unerheblichem Umfange im Darm von Menschen und von Thieren statt. Ihr Verlauf lässt sich aber hier nicht in so einfacher Weise beobachten, wie es bei Hoppe-Seyler's Versuchen möglich war, der reine Cellulose mit einer bestimmten Menge des die Bacterien enthaltenden Flussschlammes vergähren liess, und den Verlauf des Processes durch zahlreiche Analysen quantitativ verfolgte. Auch die Veränderungen, welche die Sumpfgasgährung im Boden sowohl in stagnirenden Wässern als auch im Grundwasser hervorruft, und deren hygienische Bedeutung hat Hoppe-Seyler in den Kreis seiner Untersuchungen gezogen und mehrfach erörtert.

Wiederholt hat Hoppe-Seyler zu ermitteln versucht, ob und welche Zwischenproducte bei der Cellulosegährung vorübergehend gebildet werden. Der directe Nachweis solcher Producte ist aber in keinem Falle möglich gewesen. Beim Zusatz von löslichen Kohlehydraten, welche viel schneller vergähren als die Cellulose, fand er, dass durch dieselben die Cellulose vor der Zersetzung geschützt wird. Diese und andere Erfahrungen veranlassten ihn, auch den Verlauf der Eiweissfäulniss bei Gegenwart von löslichen Kohlehydraten genauer zu untersuchen. Hirschler[1]) und Winternitz[2]), welche mit dieser Aufgabe von Hoppe-Seyler betraut wurden, machten bald die interessante Wahrnehmung, dass bei Gegenwart von Zucker die Bildung der charakteristischen Producte der Eiweissfäulniss hintangehalten oder ganz unterdrückt wird, was von Bedeutung für den Verlauf der Fäulnissvorgänge bei der Darmverdauung ist.

Die Erkenntniss der Natur des Chlorophylls, welche für die Pflanzenphysiologie eine mindestens ebenso grosse Bedeutung besitzt als diejenige des Blutfarbstoffs für die Thierphysiologie, ist von Hoppe-Seyler sehr wesentlich gefördert worden. Er war der Erste, dem es gelang, einen Körper in krystallisirtem Zustande und mit den Merkmalen einer reinen Substanz zu isoliren, welcher durch seine Eigenschaften erkennen liess, dass er dem grünen Farbstoff in der lebenden Pflanze ganz nahe steht, oder mit ihm identisch ist.

Dieser von Hoppe-Seyler Chlorophyllan genannte Körper zeigt in Lösungen die Fluorescenzerscheinungen des Chlorophylls und absorbirt das Licht fast genau so wie das Chlorophyll in der lebenden Pflanze. Bei der Analyse des Chlorophyllans ergab sich die bemerkenswerthe Thatsache, dass es Phosphor und Magnesium enthält.

Durch sorgfältige Versuche überzeugte sich Hoppe-Seyler, dass das Chlorophyllan nicht etwa ein Gemenge des Farbstoffes mit Lecithin ist, sondern dass es entweder eine Verbindung des Lecithins darstellt oder selbst als ein Lecithin anzusehen ist.

---

[1]) Diese Zeitschr., Bd. 10, S. 306.

[2]) Ebenda, Bd. 16, S. 460.

Dass das Chlorophyllan in naher Beziehung zum Lecithin steht, geht aus seinem Verhalten bei der Einwirkung der Kalilauge hervor. Hierbei wird unter Abspaltung von Glycerinphosphorsäure eine stickstoffhaltige Säure, die Chlorophyllansäure, gebildet, welche in blauschwarzen Krystallen erhalten wurde. Ihre Alkalisalze lösen sich in Wasser mit olivengrüner Farbe, zeigen schwache Fluorescenz und charakteristische Lichtabsorption.

Beim Schmelzen des Chlorophyllans mit Aetzkali gewann Hoppe-Seyler eine durch ihr optisches Verhalten ausgezeichnete, stickstofffreie Säure $C_{20}H_{34}O_3$. Wegen ihres zweifarbigen Fluorescenzlichtes nannte er diese Säure Dichromatinsäure. Ihre Lösung in Aether ist purpurroth und zeigt im Spectrum 6 noch bei grosser Verdünnung sichtbare Absorptionsstreifen. Bei der Einwirkung von Salzsäure entstehen aus der Dichromatinsäure wiederum gefärbte Producte, von welchem eines in seinem optischen Verhalten eine gewisse Aehnlichkeit mit dem Hämatoporphyrin zeigt und desshalb von Hoppe-Seyler Phylloporphyrin genannt wurde.

Die Arbeiten Hoppe-Seyler's haben die chemische Erforschung des Chlorophylls in sichere Bahnen gelenkt, und bilden eine feste Grundlage für das weitere Vordringen auf diesem wichtigen Gebiete.

Auch in anderen Publikationen Hoppe-Seyler's finden sich Beobachtungen, welche für die Pflanzenphysiologie von Bedeutung sind. Hierher gehören seine Untersuchungen über die Huminsubstanzen, welche von ihm genauer charakterisirt wurden. Von besonderem Interesse sind ferner die Versuche über die oberen Temperaturgrenzen des Lebens von Algen, welche er auf einer Reise durch Italien an den heissen Quellen in den Euganeen und auf Ischia angestellt hat. Durch genaue Temperaturbestimmungen an einer Fumarole in Ischia ermittelte er, dass chlorophyllhaltige Pflanzen eine 60° übersteigende Temperatur (64,7°) dauernd zu ertragen vermögen. Dass bei diesen Bestimmungen sehr leicht Täuschungen möglich sind, geht schon aus dem Umstande hervor, dass die von früheren Beobachtern angegebenen oberen Temperaturen, bei welchen noch pflanzliches Leben möglich ist, sehr weit auseinandergehen.

Eine andere Erfahrung Hoppe-Seyler's, dass nämlich die im Bodenschlamm der Gewässer enthaltenen grünen Algen ausserordentlich resistent sind und nach Jahre langem Verweilen in gährenden Massen im Dunkeln noch lebensfähig bleiben, verdient bei dieser Gelegenheit erwähnt zu werden.

Um die Entwicklung des Sauerstoffs durch grüne Pflanzen im Licht zu demonstriren, und zugleich beweisen zu können, dass das entwickelte Gas Sauerstoff ist, benützte er eine ebenso einfache als sinnreiche Versuchsanordnung (1878): Wasserpest oder eine andere Wasserpflanze wird mit Wasser, dem einige Tropfen faulen Blutes zugesetzt sind, in einer Glasröhre, deren eines Ende ausgezogen ist, eingeschlossen. Wird eine so beschickte Röhre kurze Zeit bei Lichtabschluss aufbewahrt, so zeigt die spektroskopische Beobachtung an dem verjüngten Theil der Röhre bald das Verschwinden des Sauerstoffs an. Hält man dieselbe ins Sonnenlicht, so werden alsbald die beiden Absorptionsstreifen des Oxyhämoglobins sichtbar und beweisen die erfolgte Sauerstoffentwickelung. Im Dunkeln wird der Sauerstoff bald wieder verzehrt, um bei erneuter Belichtung in kurzer Zeit wieder zu erscheinen.

Im vergangenen Sommersemester bis wenige Tage vor seinem Tode war Hoppe-Seyler mit Untersuchungen über die Grösse der Assimilation der Kohlensäure durch grüne Pflanzen beschäftigt, wobei er eines einfachen von ihm hierfür construirten Apparates sich bedient hat. Die Arbeit, für welche schon viele quantitative Bestimmungen von ihm ausgeführt worden sind, ist leider unvollendet geblieben.

Wir haben im Vorstehenden versucht, ein Bild von der wissenschaftlichen Thätigkeit Hoppe-Seyler's zu entwerfen und in Kürze zu zeigen, was er als bleibende Errungenschaft und Bereicherung des Wissens der Nachwelt hinterlassen hat. Dabei konnten viele wichtige Arbeiten von ihm — sollte die

Schilderung nicht zu umfangreich werden — gar nicht oder nur kurz berührt werden. Wir haben desshalb am Schlusse ein Verzeichniss der von Hoppe-Seyler herrührenden Publikationen beigefügt. Freilich ergibt sich auch daraus kein vollkommener Ueberblick über das, was er geleistet hat, denn ein sehr erheblicher Theil seiner geistigen Arbeit ist in den vielen Hunderten von Publikationen niedergelegt, welche durch seine Schüler veröffentlicht worden sind.

Allen Freunden des heimgegangenen Meisters wird es von Interesse sein, über seine letzte grössere Arbeit, welche erst in einiger Zeit in dem 24. Hefte der Schriften des «Vereins für Geschichte des Bodensees und seine Umgebung» zur Veröffentlichung gelangen wird, etwas zu erfahren. Wir danken es dem freundlichen Entgegenkommen des Vicepräsidenten dieses Vereines, Herrn Pfarrer G. Reinwald in Lindau, welcher Hoppe-Seyler's Andenken am Grabe warme und beredte Worte gewidmet hat, dass uns ein Einblick in diese seine letzte zum Abschlusse gelangte Arbeit ermöglicht worden ist. Sie handelt von der Vertheilung der absorbirten Gase in den verschiedenen Tiefen des Bodensees und ihre Beziehungen zu den in ihm lebenden Thieren und Pflanzen. Für die Entnahme von Wasserproben benutzte Hoppe-Seyler einen von ihm construirten Schöpfapparat, der ihm schon früher bei Untersuchungen im Mittelmeer gute Dienste geleistet hatte. Diese Arbeit, in welcher Jahre lang fortgesetzte Beobachtungen niedergelegt sind, enthält ferner Analysen des Bodenseewassers und des Bodenseeschlammes und zahlreiche Untersuchungen über die Gasentwickelung aus dem Bodenseeschlamm, welche überall in der Nähe der Ufer im Sommer erfolgt und zuweilen sehr grosse Mengen von Gasen liefert.

Auch diese letzte Arbeit Hoppe-Seyler's enthält, wie viele seiner früheren Publikationen, anregende und geistvolle Betrachtungen und weist auf manche Aufgaben hin, welche der experimentellen Lösung noch harren. Sie zeigt ihn uns als einen der Glücklichen, denen das Schicksal ihr Werkzeug nicht aus der Hand nimmt, ehe die Abschiedsstunde schlägt. Alle Gaben und alles Glück des Forschers, das kühne Streben und der Blick ins Weite, die peinlichste Sorgfalt und die Freude am Einzelnen sind ihm bis an sein Lebensende bewahrt geblieben.

Wenige Tage vor seinem Tode wurde Hoppe-Seyler von der französischen Académie de Médecine zum correspondirenden Mitgliede ernannt, eine Anerkennung, welche für einen Professor der Universität Strassburg eine besondere Bedeutung in sich schliesst.

Die Deutsche Chemische Gesellschaft, welcher er bald nach ihrer Begründung beigetreten ist, hat ihn wiederholt zu ihrem Vicepräsidenten erwählt. Auch an anderen Auszeichnungen und Anerkennungen hat es Hoppe-Seyler nicht gefehlt. Er hat sie nie gesucht. Was ihm in reichlichstem Maasse zu Theil wurde und was er als seinen schönsten Lohn ansah, das war die Liebe und die Verehrung seiner Schüler und Freunde, welche sein Andenken treu und dankbar bewahren.

Hoppe-Seyler hat für die höchsten Ziele der Menschheit gelebt und gearbeitet. Seine Werke werden auch den kommenden Generationen die Grösse des Mannes verkünden, um dessen Verlust wir trauern.

Verzeichniss der Arbeiten Hoppe-Seyler's.

1. De cartilaginum structura et chondrino nonnulla. Inaugural-Dissertation, Berlin 1850.
2. Analysen von Peritonealtranssudaten granulirter Leber. Deutsche Klinik, herausg. von Göschen, Jahrg. 1853.
3. Ueber die Gewebselemente der Knorpel, Knochen und Zähne. V. A., Bd. 5, S. 170—189.
4. Ueber einen Fall von Aussetzen des Radialpulses während der Inspiration und die Ursachen dieses Phänomens. Deutsche Klinik 1854, Nr. 3.
5. Zur Theorie der Percussion. V. A., Bd. 6, S. 143—174.
6. Theor. Betr. über die sog. cons. auscult. Erscheinungen, insbes. der Bronchophonie. Ibid. 1854, S. 331—350. (Nach einem Vortr. geh. i. d. Ges. f. wiss. Med. in Berlin.)
7. Dritter ärztlicher Bericht über das Arbeitshaus im Jahre 1853. Deutsche Klinik 1854, Nr. 13.
8. Chem. Unters. eines nach aufgehobener Function atrophirten Seh-Nerven. V. A., Bd. 8, S. 127—129.
9. Ueber die Stimmvibrationen des Thorax bei Pneumonie. Ibid. S. 250—260.

10. Ueber seröse Transsudate. V. A., Bd. 9, S. 245—265.
11. Ueber den Einfluss des Rohrzuckers auf die Verdauung und Ernährung. V. A., Bd. 10, S. 144—170.
12. Ueber einen abnormen, Harnstoff enthaltenden pancreatischen Saft vom Menschen. V. A., Bd. 11, S. 96—98.
13. Ueber die Einwirkung des Kohlenoxydgases auf das Hämatoglobulin. V A., Bd. 11, S. 288—290.
14. Ueber den Einfluss des Wärmeverlustes auf die Eigentemperatur warmblütiger Thiere. V. A., Bd. 11, S. 453—465.
15. Ueber die Bestimmung des Eiweissgehaltes im Urin, Blutserum, Transsudaten mittels des Ventzke-Soleil'schen Polarisationsapparates. Ibid. 547—561.
16. Ueber die Circumpolarisations-Verhältnisse der Leim- und Gallensubstanzen. V. A., Bd. 12, S. 480—481. Zur Blutanalyse. Ibid., S. 483—486.
17. Ueber den Einfluss, welchen der Wechsel des Luftdrucks auf das Blut ausübt. Archiv für Anatomie, Physiologie und wissenschaftliche Medicin, herausg. v. Johannes Müller, Jahrg. 1857, S. 63.
18. Nachweis der Gallensäure bei Icterus. V. A., Bd. 13, S. 101—102.
19. Ueber das Verhalten der Substanzen des Auges im polarisirten Licht. Ibid., S. 102—104.
20. Ueber die Einwirkung des Kohlenoxydgases auf das Blut. Ibid., S. 104—105.
21. Bestimmung des Milchzuckergehaltes der Milch mittelst des Soleil-Ventzke'schen Polarisationsapparates. V. A., Bd. 13, S. 276—277.
22. Ueber die circumpolarisirende Eigenschaft der Gallensubstanzen und ihre Zersetzungsproducte. V. A., Bd. 15, S. 126—141.
23. Ueber die chemische Zusammensetzung der Cerebrospinalflüssigkeit. V. A., Bd. 16, S. 391—400.
24. Ueber die Bildung des Harns. V. A., Bd. 16, S. 412—414.
25. Untersuchungen über die Bestandtheile der Milch und ihre nächsten Zersetzungen. V. A., Bd. 17, S. 417—451.
26. Ueber Hämatokrystallin und Krystallin. Ebenda, S. 488—492.
27. Ueber das Age oder Axin. J. pr. Ch., Bd. 80, S. 102.
28. Ueber das Verhalten des Blutfarbstoffs im Spectrum des Sonnenlichts. V. A., Bd. 23, S. 446—449.
29. Ueber die Anwesenheit von Gallensäuren im icterischen Harn und die Bildung des Gallenfarbstoffes. V. A., Bd. 24, S. 2—13.
30. Untersuchungen über die Constitution des Zahnschmelzes. V. A., Bd. 24, S. 13—33.
31. Freie Cholalsäure in den Excrementen von Hunden, Einwirkung der Cholalsäure auf die Blutzellen im lebenden Organismus. V. A., Bd. 25, S. 181—183.
32. Ueber die Extravasate in Kropfcysten. Ibid., S. 392—394.
33. Ueber die Donné-Vogel'sche Milchprobe. Ibid., S. 394—396.

34. Ueber die Schicksale der Galle im Darmkanal. V. A., Bd. 26, S. 519—538.
35. Ueber Indican als constanten Harnbestandtheil. V. A., Bd. 27, S. 388—392.
36. Die Gallensäuren im icterischen Harn. M. C. 1863, S. 337.
37. Einwirkung des Schwefelwasserstoffgases auf das Blut. M. C. 1863. S. 433.
38. Optische Eigenschaften des Manganoxyds und der Uebermangansäure. J. pr. Ch., Bd. 90, S. 303.
39. Optisches Verhalten der Gallenbestandtheile. J. pr. Ch., Bd. 89, S. 257.
40. Zerlegung der sogenannten Choloidinsäure in Cholalsäure, Dyslysin, Cholonsäure. J. pr. Ch., Bd. 89, S. 83,
41. Ueber eine Verbindung des Cholesterins mit Essigsäure. J. pr. Ch., Bd. 90, S. 31.
42. Ueber die chemischen und optischen Eigenschaften des Blutfarbstoffs. 2. Mittheilung. V. A., Bd. 29, S. 233—236.
43. Dasselbe. 3. Mittheilung. Ibid., S. 597—600.
44. Ueber die optischen und chemischen Eigenschaften des Blutfarbstoffs. M. C. 1864, S. 817 und S. 834.
45. Beiträge zur Kenntniss der Albuminstoffe. Z. Ch. 1864, S. 737.
46. Ueber das Verhalten des Gypses in Wasser bei höheren Temperaturen und die Darstellung von Anhydrit auf nassem Wege. Pogg. Annal. Bd. 127, 1865.
47. Erkennung der Vergiftung mit Kohlenoxyd. M. C. 1865, S. 52.
48. Ueber die Zersetzungsproducte des Hämoglobin. M. C. 1865, S. 65.
49. Ueber das Verhalten des Bluts gegen Schwefelwasserstoff. Zeitschr. Chem. 1865, S. 514.
50. Beiträge zur Kenntniss der Diffusionserscheinungen. M. C. U., S. 1—18,
51. Beiträge zur Kenntniss der Constitution des Blutes. M. C. U., S. 133.
52. Ueber die Einwirkung des Schwefelwasserstoffs auf den Blutfarbstoff. M. C. U., S. 151.
53. Ueber einige Bestandtheile der Maiskörner. M. C. U., S. 162.
54. Ueber die spec. Drehung des reinen Traubenzuckers. M. C. U., S. 163.
55. Ueber das Vorkommen von Indium im Wolfram. Lieb. Annalen, Bd. 140, S. 247.
56. Ueber die Ursache der Giftigkeit der Blausäure. V. A., Bd. 38, S. 435.
57. Beiträge zur Kenntniss des Blutes des Menschen und der Wirbelthiere. M. C. U., S. 169.
58. Ueber das Vitellin, Ichthin und ihre Beziehung zu den Eiweissstoffen. M. C. U., S. 215.
59. Ueber die Blausäure als antiphlogistisches Mittel. M. C. U., S. 258.
60. Zur Chemie des Blutes und seiner Bestandtheile. M. C. U., S. 293.
61. Beiträge zur Kenntniss des Blutes des Menschen und der Wirbelthiere. M. C. U., Forts., S. 366.

62. Ueber die Zusammensetzung der Blutkörperchen des Igel und der Coluber natrix. M. C. U., S. 391.
63. Analyse des Blutes von Coluber natrix. M. C. U., S. 394.
64. Ueber die Zersetzungsproducte des Hämoglobin. B. dtsch. ch. G. III, 8. 229.
65. Ueber Zersetzungsproducte des Blutfarbstoffs. M. C. 1870, S. 244.
66. Ueber die Quellen der Lebenskräfte, Berlin 1871, bei C. G. Lüderitz. 9°. 35 S.
67. Ueber die Bildung von Brenzcatechin aus Kohlehydraten, besonders Cellulose. B. dtsch. ch. G. IV, S. 15.
68. Ueber die Bildung von Milchsäure aus Zucker ohne Gährung. B. dtsch. ch. G. IV, S. 346.
69. Ueber die chemische Zusammensetzung des Eiters. M. C, U., S. 486.
70. Beiträge zur Kenntniss des Blutes des Menschen und der Wirbelthiere (Schluss). M. C. U., S. 523,
71. Ueber die Zusammensetzung des Blutes bei Chylurie. M. C. U., S. 551.
72. Ueber Fäulnissprocesse und Desinfection. M. C. U., S. 561. Ueber Harnconcremente. M. C. U., S. 582.
73. Ueber Guanin im Harn vom Fischreiher. M. C. U., S. 584. Ueber den Harn von Pseudopus. M. C. U., S. 584.
74. Ueber das Vorkommen von leimgebendem Gewebe bei Avertebraten. M. C. U., S. 586.
75. Ueber die Entstehung von Brenzcatechin aus Kohlehydraten. M. C. U., S. 586.
76. Ueber das Invertin. B. dtsch. ch. G. 1871, S. 810.
77. Ueber das Vorkommen von Phenol im thierischen Körper und seine Einwirkung auf Blut und Nerven. P. A., Bd. V, S. 470.
78. Spectral Analysis, Quarterly german magazine, a series of popular essays on science, history ant art. No. 4, Berlin, Lüderitz. 35 S.
79. Ueber die Lichterzeugung durch Bewegung der Atome. Poggendorff's Ann., Bd. 147, S. 101.
80. Ueber den Ort der Zersetzung von Eiweiss und anderen Nährstoffen im thierischen Organismus. P. A., Bd. VII, S. 399.
81. Mit E. Baumann. Ueber Methylhydantoïnsäure. B. dtsch. ch. G. VII, S. 34.
82. Einfache Darstellung von Harnfarbstoff aus Blutfarbstoff. B. dtsch. ch. G. VII, S. 1065.
83. Ueber das Auftreten von Gallenfarbstoff im Harn. P. A., Bd. X, S. 208.
84. Ueber die obere Temperaturgrenze des Lebens. P. A., Bd. XI, S. 113.
85. Ueber die Bildung von Dolomit. Zeitschr. d. Deutschen geologischen Gesellschaft, Jahrg. 1875.
86. Ueber die Rotationsconstante des Traubenzuckers. Zeitschr. f. analyt. Chemie, herausg. v. Fresenius, Jahrg. 14 (3. und 4. Heft).

87. Ueber die Processe der Gährungen und ihre Beziehung zum Leben der Organismen. P. A., Bd. XII, S. 1.
88. Ueber Unterschiede im chemischen Bau und der Verdauung höherer und niederer Thiere. P. A., Bd. XIV, S. 395.
89. Ueber Gährungen. Antwort auf einen Angriff des Herrn Moritz Traube. B. dtsch. ch. G. X, S. 693.
90. Vorwort z. Zeitschr. f. physiol. Chemie. Bd. I, S. I—III.
91. Weitere Mittheilungen über die Eigenschaften des Blutfarbstoffs. Z. I, 1877—98, S. 121.
92. Ueber die Stellung der physiologischen Chemie zur Physiologie im im Allgemeinen. Z. I., S. 270.
93. Bestimmung der Albuminstoffe in der Kuhmilch. Z. I, S. 347.'
94. Vorläufige Mittheilungen. Z. I, S. 396.
95. Antwort auf erneute Angriffe des Herrn Moritz Traube. B. dtsch. ch. G. X, S. 62.
96. Ueber Gährungsprocesse. Z. II, S. 1.
97. Weitere Mittheilungen über die Eigenschaften des Blutfarbstoffs. Z. II, S. 149.
98. Einfacher Versuch zur Demonstration der Sauerstoffausscheidung durch Pflanzen im Sonnenlichte. Z. II, S. 425.
99. Ueber Lecithin und Nucleïn in der Bierhefe. Z. II, S. 427.
100. Ueber die Ursache der Athembewegungen. Z. III, S. 105.
101. Ueber das Chlorophyll der Pflanzen. Z. III, S. 339.
102. Ueber Gährungsprocesse. Synthese bei Gährungen. Z. III, S. 351.
103. Ueber Lecithin in der Hefe. Z. III, S. 374.
104. Erregung des Sauerstoffes durch nascirenden Wasserstoff. B. dtsch. ch. G. XII, S. 1551.
105. Ueber das Chlorophyll. B. dtsch. ch. G. XII, S. 1555.
106. Ueber das Chlorophyll der Pflanzen. (Zweite Abhandlung.) Z. IV, S. 193.
107. Ueber die Veränderungen des Blutes bei Verbrennungen der Haut. Z. V, S. 1.
108. Ueber das Chlorophyll der Pflanzen. Dritte Mittheilung. Z. V, S. 75.
109. Nachträgliche Bemerkungen über die Veränderungen des Blutes bei Verbrennungen der Haut. Z. V, S. 344.
110. Ueber den Harnstoff in der Leber. Z. V, S. 349.
111. Ueber die Einwirkung des Sauerstoffs auf Gährungen. Festschrift zur Feier des fünfundzwanzigjährigen Bestehens des Pathologischen Intituts zu Berlin. Strassburg, Trübner, 1881. 8°. 32 S.
112. Ueber das Methämoglobin. Z. VI, S. 166.
113. Ueber Erregung des Sauerstoffs durch nascirenden Wasserstoff. B. dtsch. ch. G. XVI, S. 117.
114. Gährung der Cellulose. B. dtsch. ch. G. XVI, S. 122.
115. Ueber die Activirung des Sauerstoffs durch freiwerdenden Wasserstoff und die Bildung von Wasserstoffhyperoxyd und salpetriger Säure. B. dtsch. ch. G. XVI, S. 1917.

116. Ueber die chemischen Vorgänge im Boden und Grundwasser und ihre hygienische Bedeutung. Arch. f. öffentl. Gesundheitspflege in Elsass-Lothringen, 1883.

117. Ueber die Einwirkung von Sauerstoff auf die Lebensthätigkeit niederer Organismen. Z. VIII, S. 214.

118. Ueber Seifen als Bestandtheile des Blutplasma und des Chylus. Z. VIII, S. 503.

119. Ueber die Entwicklung der physiologischen Chemie und ihre Bedeutung für die Medicin. Rede zur Eröffnung des physiologisch-chemischen Instituts. Strassburg, Trübner, 8°. 32 S.

120. Ueber Zersetzungsproducte des Blutfarbstoffs. B. dtsch. ch. G. XVIII, S. 601.

121. Ueber Trennung des Caseïn vom Albumin in der menschlichen Milch. Z. IX, S. 222.

122. Dasselbe. Nachtrag. Z. IX, S. 533.

123. Physiologisch-chemische Uebungen im prakt. Curs für Anfänger (Bemerkungen über die Reihenfolge und Ausführung der Uebungen zur Orientirung bei den Arbeiten im Laboratorium). Strassburg 1885. 8°. 15 S.

124. Ueber Activirung von Sauerstoff durch Wasserstoff im Entstehungsmomente. Z. X, S. 35.

125. Ueber Gährung der Cellulose mit Bildung von Methan und Kohlensäure. Z. X, S. 201.

126. Ueber Blutfarbstoffe und ihre Zersetzungsproducte. Z. X, S. 331.

127. Ueber die Gährung der Cellulose mit Bildung von Methan und Kohlensäure. Z. X, S. 401.

128. Ein Apparat zur Bestimmung von Wasserstoff neben Methan in Gasmischungen. Z. XI, S. 257.

129. Die Methangährung der Essigsäure. Z. XI, S. 561.

130. Ueber die Activirung des Sauerstoffs durch Wasserstoff. B. dtsch. ch. G. XXII, S. 2215.

131. Ueber Huminsubstanzen, ihre Entstehung und ihre Eigenschaften. Z. XIII, S. 66.

132. Beiträge zur Kenntniss der Eigenschaften der Blutfarbstoffe. Z. XIII, S. 477.

133. Ueber Muskelfarbstoffe. Z. XIV, S. 106.

134. Ueber Oxydationen im Blute. Z. XIV, S. 372.

135. Ueber Blut und Harn eines Falles von melanotischem Sarkom. Z. XV, S. 179.

136. Verbesserte Methode der colorimetrisehen Bestimmungen des Blutfarbstoffgehaltes im Blut und in anderen Flüssigkeiten. Z. XVI, S. 505.

137. Apparat zur Gewinnung der in Wasser absorbirten Gase durch Combination der Quecksilberpumpe mit der Entwickelung durch Auskochen. Zeitschr. f. analyt. Chemie, Bd. 31, S. 367.

138. Beiträge zur Kenntniss des Stoffwechsels bei Sauerstoffmangel. Festschrift zum 70. Geburtstag von R. Virchow.

139. Mit Duncan. Ueber die Diffusion von Sauerstoff und Stickstoff in Wasser. Z. XVII, S. 147.

140. Mit Duncan. Beiträge zur Kenntniss der Respiration der Fische. Z. XVII, S. 165.

141. Weitere Versuche über die Diffusion von Gasen im Wasser. Z. XIX, S. 411.

142. Bemerkungen zu der Arbeit des Herrn T. Araki über die Wirkungen des Sauerstoffmangels. Z. XIX, S. 476.

143. Apparat zur Messung der respiratorischen Aufnahme und Abgabe von Gasen am Menschen nach dem Princip von Regnault. Z. XIX, S. 574.

144. Ueber Chitin und Cellulose. B. dtsch. ch. G. XXVIII, S. 3329.

145. Mit Araki. Ueber die Einwirkung der bei Sauerstoffmangel im Harn ausgeschiedenen Milchsäure auf polarisirtes Licht und die Rotationswerthe activer Milchsäuren im Allgemeinen. Z. XX, S. 365.

146. Ueber die Vertheilung absorbirter Gase im Wasser des Bodensees und ihre Beziehungen zu den in ihm lebenden Thieren und Pflanzen. Schriften des «Vereins für Geschichte des Bodensees und seiner Umgebung». 1895. Heft 24.

Handbuch der physiologisch und pathologisch-chemischen Analyse, Berlin, 1. Aufl. 1858, 2. Aufl. 1865, 3. Aufl. 1869 (420 S.), 4. Aufl. 1875 (486 S.), 5. Aufl. 1883 (551 S., 6. Aufl. 1893 (548 S.) (letztere in Gemeinschaft mit H. Thierfelder bearbeitet).

Physiologische Chemie (in 4 Theilen), Berlin 1877—1881, 1036 S.

Erklärung der Abkürzungen.

V. A. = Archiv für pathologische Anatomie und Physiologie, herausg. von R. Virchow.

Z. = Zeitschrift für physiologische Chemie.

M. C. = Centralblatt für die medicinischen Wissenschaften.

M. C. U. = Medicinisch-chemische Untersuchungen, herausg. von Hoppe-Seyler, Berlin 1866—71.

P. A. = Archiv für die gesammte Physiologie, herausg. von Pflüger.

J. pr. Ch. = Journal für praktische Chemie.

B. dtsch. ch. G. = Berichte der deutschen chem. Gesellsch.

L. Ann. = Liebig's Annalen.

Z. Ch. = Zeitschr. f. Chemie.

NB. Das diesem Nekrolog beigegebene Bild ist nach einer Photographie von Jules Fuchs in Strassburg (Nachf. Wiesenthal) hergestellt.

www.ingramcontent.com/pod-product-compliance
Lightning Source LLC
LaVergne TN
LVHW042251300926
849161LV00003B/550